Midjourney×可灵×DeepSeek×文心一言×ChatGPT

# AI绘画全攻略

雷梦微 编著

电子工业出版社
Publishing House of Electronics Industry
北京·BEIJING

未经许可，不得以任何方式复制或抄袭本书之部分或全部内容。
版权所有，侵权必究。

#### 图书在版编目（CIP）数据

Midjourney× 可灵 ×DeepSeek× 文心一言 ×ChatGPT
AI 绘画全攻略 / 雷梦微编著 . -- 北京：电子工业出版
社 , 2025. 4. -- ISBN 978-7-121-49816-9
Ⅰ. TP391.413
中国国家版本馆 CIP 数据核字第 20257Q97B2 号

责任编辑：陈晓婕
印　　刷：北京瑞禾彩色印刷有限公司
装　　订：北京瑞禾彩色印刷有限公司
出版发行：电子工业出版社
　　　　　北京市海淀区万寿路173信箱　　邮编：100036
开　　本：787×1092　1/16　印张：14　字数：358.4千字
版　　次：2025年4月第1版
印　　次：2025年4月第1次印刷
定　　价：69.00元

凡所购买电子工业出版社图书有缺损问题，请向购买书店调换。若书店售缺，请与本社发行部联系，
联系及邮购电话：（010）88254888，88258888。
质量投诉请发邮件至 zlts@phei.com.cn，盗版侵权举报请发邮件至 dbqq@phei.com.cn。
本书咨询联系方式：（010）88254161~88254167转1897。

# 前　言

## ■ 写作驱动

本书是初学者自学 AI 绘画的实用教程，对 AI 绘画的指令、制作等内容进行了详细解说，帮助读者全面精通 AI 绘画。

本书在介绍 AI 绘画的同时，还精心安排了 80 多个具有针对性的实例，帮助读者轻松掌握相关的操作技巧，做到学用结合。并且，本书全部实例配有视频教学录像，详细演示案例制作过程。

## ■ 本书特色

1. 100 多分钟的视频演示：本书中的软件操作技能实例，全部录制了讲解视频，重现书中所有实例操作，读者可以阅读图书，也可以观看视频演示，让学习更加轻松。

2. 120 个干货技巧分享：本书通过全面讲解 AI 绘画的相关技巧，包括文案关键词的获得技巧、图片的创作技巧、AI 绘画作品的优化技巧等内容，帮助读者从入门到精通，让学习更高效。

3. 170 多个素材文件和效果文件分享：随书附送的资源包中包括素材文件和效果文件。其中，素材涉及人像绘画、艺术绘画、游戏设计和电商广告设计等，应有尽有，供读者使用，帮助读者快速提升 AI 绘画的操作水平。

4. 120 个关键词奉送：为了方便读者快速生成相关的文案和 AI 画作，特将本书实例中用到的关键词进行了整理。读者可以直接使用这些关键词，快速生成相似的效果。

5. 530 多张图片全程图解：本书对软件技术、实例讲解、效果展示，进行了全程式图解。通过这些图片，让实例内容变得更通俗易懂，读者可以一目了然，快速领会，举一反三，制作出更多精彩的作品。

## ■ 特别提醒

本书的编写是基于文心一言、ChatGPT、文心一格和 Midjourney 等软件和工具，但书从创作到出版需要一段时间，在此期间，这些工具的功能和界面可能会有变动，请在阅读时，根据书中的思路，举一反三。其中，ChatGPT 为 3.5 版，Midjourney 为 5.2 版，文心一言为 2.4.0 版，DeepSeek 为 V3 版、可灵为 V1.6 版、即梦为 V1.3.9 版。

需要注意的是，即使是相同的关键词，AI 软件和工具每次生成的文案和图片也会有差别，因此在扫码观看教程时，读者应把更多的精力放在关键词的编写和实操步骤上。

## ■ 使用声明

本书及附送的资源包所采用的图片、模板、音频及视频等素材，均为所属公司、网站或个人所有，本书引用仅为说明（教学）之用，绝无侵权之意，特此声明。

由于现在的 AI 工具更新非常快，为了帮助大家学到更多、更新的技巧，本书特意在正文前面，增加了一章——绪章，介绍了 DeepSeek 与可灵 AI 的应用。对于书中其他工具的应用，原理和方法是相通的，大家可以尝试用最新的工具，举一反三即可。

## ■ 作者售后

本书由雷梦微编著，由于本书作者知识水平有限，书中难免有错误和疏漏之处，恳请广大读者批评、指正。

# 目 录

## 绪章 DeepSeek 与可灵 AI 的应用 ................................................ 1

### DeepSeek 的核心功能 ................................................................ 2
开启新对话 .................................................................................. 2
深度思考模式 .............................................................................. 3
联网搜索模式 .............................................................................. 4
上传附件识别文字 ...................................................................... 5

### 可灵 AI 生图片的方法 ................................................................ 6
使用 DeepSeek 生成提示词 ........................................................ 6
使用可灵 AI 生成精美图片 ........................................................ 7

## 绘画指令篇

## 第1章 使用文心一言生成绘画指令 ........................................ 10

### 1.1 文心一言的一般用法 ........................................................ 11
1.1.1 运用推荐提示词对话 ...................................................... 11
1.1.2 输入自定义提示词对话 .................................................. 12
1.1.3 使用按钮重新生成回复 .................................................. 13
1.1.4 选择灵感提示追加提问 .................................................. 14
1.1.5 修改提示词重新生成内容 .............................................. 15

### 1.2 文心一言的进阶用法 ........................................................ 17
1.2.1 参考提示词模板撰写绘画指令 ...................................... 17
1.2.2 使用"绘画达人"模板直接生成图像 .......................... 19

## 第2章 使用 ChatGPT 生成绘画指令 ........................................ 21

### 2.1 ChatGPT 的一般用法 ........................................................ 22
2.1.1 输入提示词与 ChatGPT 对话 ........................................ 22
2.1.2 单击"Regenerate"按钮优化回复 .............................. 23
2.1.3 管理 ChatGPT 的对话窗口 ............................................ 24
2.1.4 改写已发送的提示词生成内容 ...................................... 25

## 2.2 ChatGPT 的进阶用法 .................................................... 26
### 2.2.1 提供实例生成绘画指令 ............................................. 26
### 2.2.2 指定艺术家风格生成绘画指令 ................................... 26
### 2.2.3 充当绘画师给出绘画指令 ......................................... 28

## 第 3 章 掌握 AI 生成绘画指令的技巧 ................................................ 29

### 3.1 AI 提示词的编写技巧 .................................................. 30
#### 3.1.1 明确提示词的目标 ................................................. 30
#### 3.1.2 运用自然语言提问 ................................................. 31
#### 3.1.3 精心设计提示词 ................................................... 32
#### 3.1.4 以问题的形式来编写 ............................................. 33

### 3.2 AI 提示词的优化技巧 .................................................. 34
#### 3.2.1 提供示例并加以引导 ............................................. 34
#### 3.2.2 提供具体的信息和细节 ......................................... 35
#### 3.2.3 提供上下文背景信息 ............................................. 36
#### 3.2.4 让 AI 扮演某一个角色 ......................................... 37
#### 3.2.5 指定 AI 的输出格式 ............................................. 38

# 绘画技巧篇

## 第 4 章 文心一格的基本绘画操作 ................................................ 41

### 4.1 运用文心一格创作图片 .................................................. 42
#### 4.1.1 在"探索创作"中寻找灵感生成图片 ......................... 42
#### 4.1.2 输入自定义绘画指令生成图片 ................................. 43
#### 4.1.3 运用系统推荐的指令生成图片 ................................. 44
#### 4.1.4 选择"智能推荐"画面类型绘画 ............................. 45
#### 4.1.5 选择"艺术创想"画面类型绘画 ............................. 46
#### 4.1.6 选择"中国风"画面类型绘画 ................................. 48
#### 4.1.7 选择"插画"画面类型绘画 ................................... 48
#### 4.1.8 选择"炫彩插画"画面类型绘画 ............................. 49
#### 4.1.9 选择"像素艺术"画面类型绘画 ............................. 50
#### 4.1.10 选择"梵高"画面类型绘画 ................................... 51
#### 4.1.11 选择"超现实主义"画面类型绘画 ......................... 53
#### 4.1.12 选择"唯美二次元"画面类型绘画 ......................... 54

### 4.2 设置文心一格的绘画参数 .............................................. 56
#### 4.2.1 设置绘画的图像比例 ............................................. 56
#### 4.2.2 设置绘画的出图数量 ............................................. 58
#### 4.2.3 开启绘画的"灵感模式" ....................................... 59

# 第 5 章 文心一格的高级绘画技巧 ............................................................ 61

## 5.1 运用文心一格生成创意画作 ............................................................ 62
### 5.1.1 选择"创艺"AI 画师创作画作 ............................................. 62
### 5.1.2 选择"二次元"AI 画师绘制漫画 .......................................... 63
### 5.1.3 选择"具象"AI 画师刻画图片 ............................................. 64
### 5.1.4 上传参考图生成创意图像 ................................................... 65
### 5.1.5 设置图像的出图尺寸和分辨率 ............................................. 69
### 5.1.6 设置自定义图像的画面风格 ................................................ 70
### 5.1.7 添加修饰词提升画面质量 ................................................... 72
### 5.1.8 选择合适的"艺术家"生成图像 .......................................... 73
### 5.1.9 设置"不希望出现的内容"生成图像 .................................... 75

## 5.2 运用文心一格绘制高级画作 ............................................................ 76
### 5.2.1 生成黑白素描风格的建筑画 ................................................ 76
### 5.2.2 生成写意工笔风格的花鸟画 ................................................ 78
### 5.2.3 生成莫奈油画风格的风景画 ................................................ 79

# 第 6 章 Midjourney 的基本绘画操作 .................................................. 82

## 6.1 学习 Midjourney 的基础操作 ........................................................... 83
### 6.1.1 了解 Midjourney 的指令 .................................................... 83
### 6.1.2 输入文字指令生成图片 ...................................................... 84
### 6.1.3 上传参考图生成图片 ......................................................... 87
### 6.1.4 叠加参考图混合生图 ......................................................... 89

## 6.2 掌握 Midjourney 的绘画技巧 ........................................................... 91
### 6.2.1 开启混音模式生图 ............................................................ 91
### 6.2.2 使用种子值生图 ............................................................... 93
### 6.2.3 调用标签关键词生图 ......................................................... 95
### 6.2.4 使用平移扩图功能生图 ...................................................... 98
### 6.2.5 使用无限缩放功能生图 ...................................................... 99

# 第 7 章 Midjourney 的高级绘画技巧 .................................................. 101

## 7.1 运用 Midjourney 的提示关键词 ...................................................... 102
### 7.1.1 使用控制材质的关键词 ..................................................... 102
### 7.1.2 使用表示风格的关键词 ..................................................... 103
### 7.1.3 使用设置背景的关键词 ..................................................... 105

## 7.2 巧用 Midjourney 优化图像的参数 ................................................... 106
### 7.2.1 使用 version 参数设置版本 ................................................ 106
### 7.2.2 使用 aspect rations 参数控制比例 ...................................... 107
### 7.2.3 使用 chaos 参数控制变化程度 ............................................ 108

7.2.4 使用 no 参数排除不必要元素 ... 109
7.2.5 使用 quality 参数控制画质 ... 110
7.2.6 使用 stylize 参数把握艺术风格 ... 112
7.2.7 使用 stop 参数控制完成度 ... 112
7.2.8 使用 tile 参数生成重复元素 ... 113
7.2.9 使用 iw 参数设置图像权重 ... 113

# 第 8 章 运用 AI 模型训练探索更多绘画功能 ... 116

## 8.1 运用文心一格生成艺术字 ... 117
### 8.1.1 生成创意中文艺术字 ... 117
### 8.1.2 生成趣味字母艺术字 ... 118

## 8.2 运用文心一格优化画作细节 ... 120
### 8.2.1 涂抹消除图片瑕疵 ... 120
### 8.2.2 涂抹编辑并重绘图像 ... 122
### 8.2.3 叠加融合生成新图像 ... 124

## 8.3 运用实验室和训练新模型生图 ... 128
### 8.3.1 识别人物动作优化画作 ... 128
### 8.3.2 识别线稿优化画作 ... 130
### 8.3.3 运用示例模型生成图像 ... 132
### 8.3.4 训练专属模型生成图像 ... 135

# 绘画实战篇

# 第 9 章 风景水墨画绘画实战案例 ... 142
## 9.1 生成绘制水墨画的指令 ... 143
## 9.2 调整指令生成水墨画 ... 144
## 9.3 添加参数优化画作细节 ... 145

# 第 10 章 美食油画绘画实战案例 ... 147
## 10.1 生成绘制美食油画的指令 ... 148
## 10.2 输入指令生成美食油画 ... 149
## 10.3 添加参数优化美食油画 ... 150

# 第 11 章 人像素描画绘画实战案例 ... 152
## 11.1 上传参考图绘制素描画 ... 153
## 11.2 复制链接生成素描画 ... 154
## 11.3 添加关键词优化素描画 ... 155

# 第 12 章 动物工笔画绘画实战案例 ... 157
## 12.1 获得绘画关键词建议 ... 158

12.2 输入关键词获得工笔画 ........................................................... 159

## 第 13 章 水果插画绘画实战案例 ........................................................... 161
13.1 描述画面主体生成插画 ........................................................... 162
13.2 补充画面细节优化插画 ........................................................... 163

## 第 14 章 二次元漫画绘画实战案例 ........................................................... 164
14.1 生成绘制漫画的关键词 ........................................................... 165
14.2 输入指令生成卡通漫画 ........................................................... 166
14.3 修改风格生成不同的漫画 ........................................................... 168

## 第 15 章 摄影写实作品绘画实战案例 ........................................................... 172
15.1 生成野生动物图像 ........................................................... 173
15.2 添加镜头景别关键词 ........................................................... 174
15.3 添加画面细节关键词 ........................................................... 175
15.4 更换画面的被摄对象 ........................................................... 176

## 第 16 章 游戏像素画绘画实战案例 ........................................................... 179
16.1 上传参考图获取指令 ........................................................... 180
16.2 复制指令生成图像 ........................................................... 181
16.3 添加参数优化图像 ........................................................... 182

## 第 17 章 游戏场景图绘画实战案例 ........................................................... 183
17.1 使用"describe"指令获得关键词 ........................................................... 184
17.2 通过"imagine"指令生成图像 ........................................................... 185
17.3 使用平移扩图增加画面容量 ........................................................... 186

## 第 18 章 Logo 矢量画绘画实战案例 ........................................................... 188
18.1 生成矢量画关键词 ........................................................... 189
18.2 生成 Logo 矢量画 ........................................................... 190
18.3 添加风格优化画作 ........................................................... 191

## 第 19 章 宣传海报图绘画实战案例 ........................................................... 192
19.1 获得绘画关键词灵感 ........................................................... 193
19.2 输入关键词获得海报 ........................................................... 194

## 第 20 章 平面广告图绘画实战案例 ........................................................... 196
20.1 获得绘制图像的灵感 ........................................................... 197
20.2 撰写关键词生成图像 ........................................................... 198
20.3 添加参数优化图像 ........................................................... 199

## 第 21 章 品牌 IP 形象绘画实战案例 ........................................................... 201
21.1 提问 AI 获得设计灵感 ........................................................... 202

21.2 运用 AI 设计品牌标识 .................................................................................. 203

## 第 22 章 建筑设计图绘画实战案例 ............................................................. 206
22.1 获得 AI 绘画指令灵感 .................................................................................. 207
22.2 输入关键词获得设计图 .................................................................................. 209
22.3 更换图像风格和尺寸 .................................................................................. 209

# 绪章
# DeepSeek 与可灵 AI 的应用

从文案生成到图片生成，再到视频创作，越来越多的 AI 工具展示了它们在创意表达上的力量。接下来，向大家介绍 DeepSeek 的核心功能，以及使用 DeepSeek 与可灵 AI 协同绘画的方法。请注意，对于 AI 绘画，书中的内容都适用于最新的工具——即梦、可灵等，原理和方法基本是相通的。

# DeepSeek 的核心功能

DeepSeek 作为一款引领潮流的创新型 AI 工具，受到越来越多用户的青睐。本节将为大家逐一揭晓 DeepSeek 的核心功能，帮助大家更好地掌握 DeepSeek 的使用技巧。

## 开启新对话

DeepSeek 网页版的核心功能之一是其对话模式。在此模式下，用户可以通过输入问题或任务，启动新的对话。DeepSeek 将基于其强大的自然语言处理能力，快速理解用户需求，并提供精准的解答和建议。

**STEP 01** 在导航栏中，单击"开启新对话"按钮，即可开启一个新的对话页面，如图 0-1 所示。

图 0-1 单击"开启新对话"按钮

**STEP 02** 在输入框中输入相应的指令，用于指导 AI 生成特定的内容，单击"发送"按钮↑，DeepSeek 即可根据指令生成相应的内容，相应指令及回复内容如下。

 **提问**

请帮我生成 3 个风光类的绘画提示词，30 字以内

 **DeepSeek**

1. 晨曦中的雪山与湖泊
2. 夕阳下的金色麦田与风车
3. 雨后的彩虹跨越翠绿山谷

## 深度思考模式

使用 DeepSeek 的"深度思考"模式能够对给定的问题进行多维度、多层次、系统性的分析和推理。

**STEP 01** 开启一个新的对话,单击输入区中的"深度思考(R1)"按钮,如图 0-2 所示,开启后,该按钮会变成蓝色。

图 0-2 单击"深度思考(R1)"按钮

**STEP 02** 在输入框中输入相应的指令,用于指导 AI 生成特定的内容,按【Enter】键或单击"发送"按钮↑,DeepSeek 即可根据指令生成相应的内容,相应指令和回复内容如下。

### 提问

假设你是 AI 绘画领域的创意专家,为一家智能家居电商平台设计"618"促销活动的视觉内容方案,目标受众是 25～55 岁的人群。要求:
1. 利用 AI 绘画技术创作具有吸引力的视觉内容,包括产品展示、场景设计和动画效果;
2. 突出智能家居产品的智能、便捷、节能特点;
3. 提出 3 个以上创新点,通过视觉内容提升用户参与度和转化率。
方案需简洁清晰,符合 AI 绘画的创意优势,能快速抓住消费者注意力并引发传播。

### DeepSeek

AI 绘画智能家居"618"视觉方案
主题:「未来生活,一触即达」
一、核心视觉策略
科技感+情感共鸣
AI 风格:用低多边形(Low Poly)与流体光效结合,展现科技美学,适配全年龄段审美。
场景色调:冷色调(科技蓝/银灰)为主,搭配暖色智能灯光点缀,传递「智能科技温暖生活」的理念。
动态叙事化设计
产品展示:AI 生成「产品使用前→场景痛点→产品介入→生活升级」四步动态分镜,强化对比。
场景融合:通过 AI 绘画构建「清晨卧室自动开窗」「厨房一键烹饪」「客厅节能模式」等全屋智能联动场景。
二、创新视觉内容设计
……

> ▶ 专家指点
>
> 因为篇幅原因，只展示 AI 工具回复的部分要点，详细的回复内容，请看随书提供的效果文件。

"深度思考"模式的基本特点如下。

（1）思维过程展示：不仅提供问题的答案，还详尽地展示思考的全过程，使用户能够清晰地洞察"机器的思考方式"，如图 0-3 所示。无论是奥数难题还是生活常识问题，DeepSeek 都能呈现一个完整的分析论证体系。

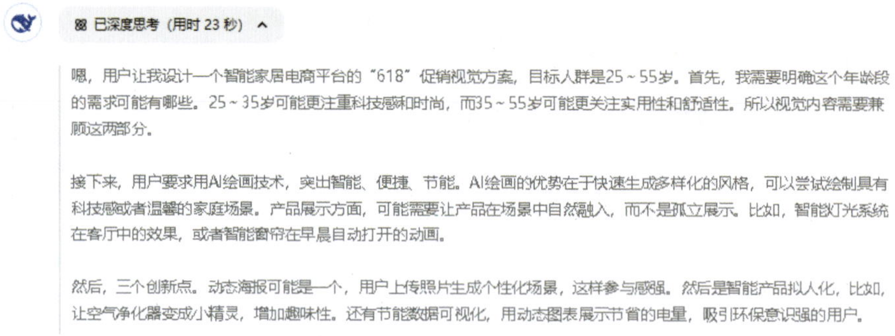

图 0-3 DeepSeek 显示深度思考的过程

（2）复杂问题处理：在应对复杂的逻辑推理、数据分析及编程挑战时表现出卓越的能力，能够从多角度全面审视问题。例如，在探讨"是否应以成败论英雄"时，DeepSeek 会综合历史视角、现代社会价值观等多个维度进行论证。

（3）类人推理机制：具备类似人类的推理模式，如自我质疑、回溯思考、不断假设验证等，在遭遇困惑时，甚至会"暂停"思考，展现出"紧张"等情绪反应。

# 联网搜索模式

DeepSeek 能够利用最新的在线数据来提供答案，这不仅提高了答复的精确度，也保证了信息的新鲜度和相关性。在处理查询任务时，DeepSeek 会综合考量多个信息源，从中挑选最恰当的内容，以满足用户的查询需求。

STEP 01 开启一个新的对话，单击输入区中的"联网搜索"按钮，如图 0-4 所示。

STEP 02 在输入框中输入相应的指令，用于指导 AI 生成特定的内容，按【Enter】键或单击"发送"按钮🔼，DeepSeek 即可根据指令生成相应的内容，相应指令和回复内容如下。

图 0-4 单击"联网搜索"按钮

### 提问

国内最近比较热门的 AI 绘画创作工具有哪些？

### DeepSeek

近年来，国内 AI 绘画工具发展迅速，涌现出许多功能强大且对用户友好的创作工具。
1. 文心一格
特点：百度旗下的 AI 绘画工具，支持多种画作风格（如水墨、油画、素描等），生成速度快。
优势：界面简洁，易于操作，提供免费试用服务，适合个人用户和企业用户。
2. 造梦日记
特点：主打二次元动漫风格，支持批量生成多图和高分辨率输出。
……

## 上传附件识别文字

DeepSeek 的上传附件识别文字功能，允许用户轻松上传各类文档和图片，迅速将其中的文字内容提取出来。

STEP 01 在 DeepSeek 页面，❶单击输入区中的"上传附件"按钮◎；❷上传一张图片，如图 0-5 所示。

图 0-5 上传一张图片

STEP 02 在输入框中输入相应的指令，单击"发送"按钮↑，DeepSeek 即可根据指令生成相应的内容，相应指令和回复内容如下。

### 提问

提取图片中的文字内容并进行总结

### DeepSeek

图片中的文字内容主要是一个摄影社团的招新公告。

> 以下是总结：
> 社团名称：AI 摄影协会
> 性质：由本校摄影爱好者组成的非盈利社团
> 宗旨：普及 AI 摄影艺术、提高 AI 摄影技术，丰富校园文化生活
> 招新要求：有大量空闲时间、热爱摄影
> 报名方式：扫描二维码并关注，提交报名材料
> ……

# 可灵 AI 生图片的方法

在 AI 工具的协作中，DeepSeek 与可灵 AI 的结合为图片创作提供了高效解决方案，这种协作方式为设计工作提供了更多便利与灵感。例如，商品图片的展示是营销与推广的核心环节。DeepSeek 与可灵 AI 的协同，能够将创意与视觉设计高效结合，从生成精准的图片提示词到打造高质量的商品图片，助力商家快速完成视觉内容创作，提升品牌形象与市场竞争力。

本节以生成一张香水商品图为例，介绍 DeepSeek 和可灵 AI 的联合用法，效果如图 0-6 所示。

图 0-6 效果展示

## 使用 DeepSeek 生成提示词

在 AI 图片的创作中，精准的提示词是生成高质量图像的关键。用户让 DeepSeek 根据需求生成清晰、具体的图片提示词，为后续的可灵 AI 图像生成提供明确的方向和灵感基础，确保最终作品符合预期效果，相应指令及回复内容如下。

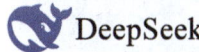 提问

我需要生成一张 AI 图片，主题为一瓶香水，请你帮我写一段 AI 图片的提示词，要求：包含"超高清画质，摄影照片，商品主图"，画面要美观，50 字以内

**DeepSeek**

超高清画质，摄影照片，商品主图，一瓶精致香水，晶莹剔透的瓶身，金色液体，柔和光影，背景虚化，简约优雅，高端质感。
生成结束后，如果用户觉得 DeepSeek 生成的提示词不错，记得要复制一份，以便在可灵 AI 中使用。如果 DeepSeek 生成的回复中有不需要的内容，用户复制时最好手动选择复制的内容；反之，则可以直接单击回复下方的"复制"按钮，进行一键复制。

## 使用可灵 AI 生成精美图片

在获得精准的图片提示词后，利用可灵 AI 的"AI 图片"功能，就可以将文字描述转化为生动、细腻的视觉作品，展现 AI 在创意设计中的强大功能，为图片创作提供更多可能性与灵感。

**STEP 01** 登录并进入可灵 AI 的"首页"页面，单击"AI 图片"按钮，如图 0-7 所示。

**STEP 02** 进入"AI 图片"页面，❶单击"可图 1.0"右侧的"下拉"按钮；在弹出的"图片模型选择"列表框中，❷选择"可图 1.5"选项，如图 0-8 所示，即可更改图片的生成模型。

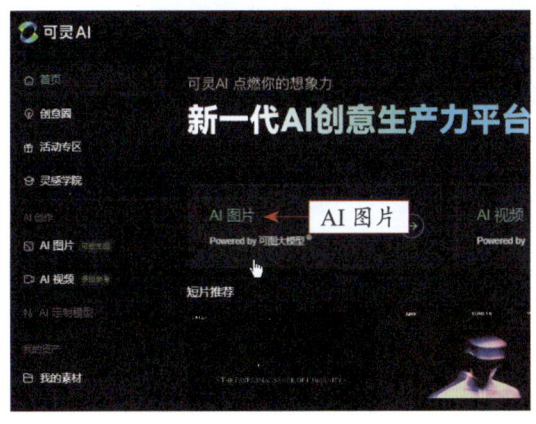

图 0-7 单击"AI 图片"按钮

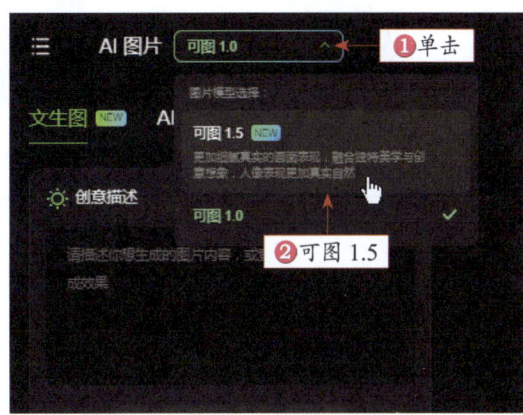

图 0-8 选择"可图 1.5"选项

**STEP 03** 在"创意描述"文本框中，粘贴 DeepSeek 生成的 AI 图片提示词，如图 0-9 所示，告知 AI 需要的图片内容。

**STEP 04** 在"参数设置"选项区中，选择"16:9"选项，如图 0-10 所示，即可更改图片比例，让 AI 生成横幅图片。

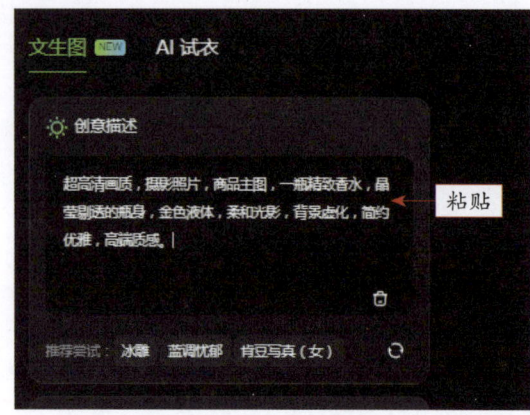

图 0-9 粘贴提示词

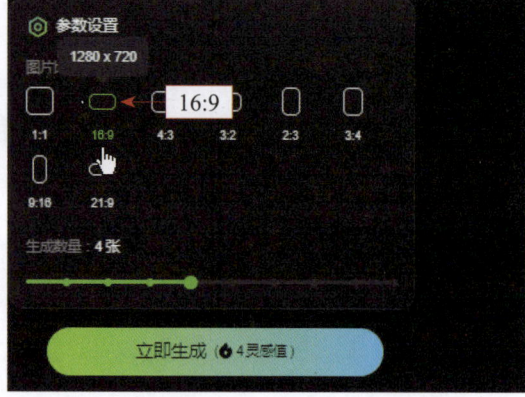

图 0-10 选择"16:9"选项

**STEP 05** 单击"立即生成"按钮，即可让 AI 生成 4 张对应的图片，❶将鼠标移动至第一张图片的"下载"按钮 上；在弹出的列表框中，❷选择"有水印下载"选项，如图 0-11 所示，即可将喜欢的图片下载到本地文件夹中。

图 0-11 选择"有水印下载"选项

> ▶ 专家指点
> 
> 如果用户想下载无水印的图片，或者增强图片的画质，则需要开通可灵 AI 的会员。

绘画指令篇

# 第1章
# 使用文心一言生成绘画指令

在创作AI绘画之前,我们需要准备好生成AI画作或图像的指令,而运用文心一言可以直接生成AI绘画指令。本章,我们将重点介绍文心一言的用法,让大家学会运用文心一言。

# 1.1 文心一言的一般用法

AIGC 的全称为 Artificial Intelligence Generated Content,表示生成式人工智能,它有多种应用形式,主要包括文本、图像、语音和视频。本节我们主要学习的是图像生成。AIGC 在各行各业中的应用是以平台和软件的形式为用户提供服务的,文心一言是提供文本生成服务的平台。

文心一言是百度研发的知识增强大语言模型,能够与人对话互动、回答问题、协助创作,高效便捷地帮助人们获取信息、知识和灵感。在文心一言的帮助下,我们能够快速获得 AI (Artificial Intelligence,人工智能)绘画指令。注意,AI 生成文本、图像、视频等都需要人类发出指令,指令也称指示、关键词、提示词等。

本节将介绍文心一言的使用技巧,帮助大家轻松获得 AI 绘画指令,为 AI 绘画做准备。

## 1.1.1 运用推荐提示词对话

【效果展示】:文心一言生成文本的方式,主要是用户输入提示词,文心一言系统响应提示词,通过一问一答的形式来获得文本。用户进入文心一言的主页后,AI 会推荐一些对话的提示词模板,可以直接使用这些提示词模板,更好地体验文心一言的对话功能。运用推荐提示词对话的效果,如图 1-1 所示。

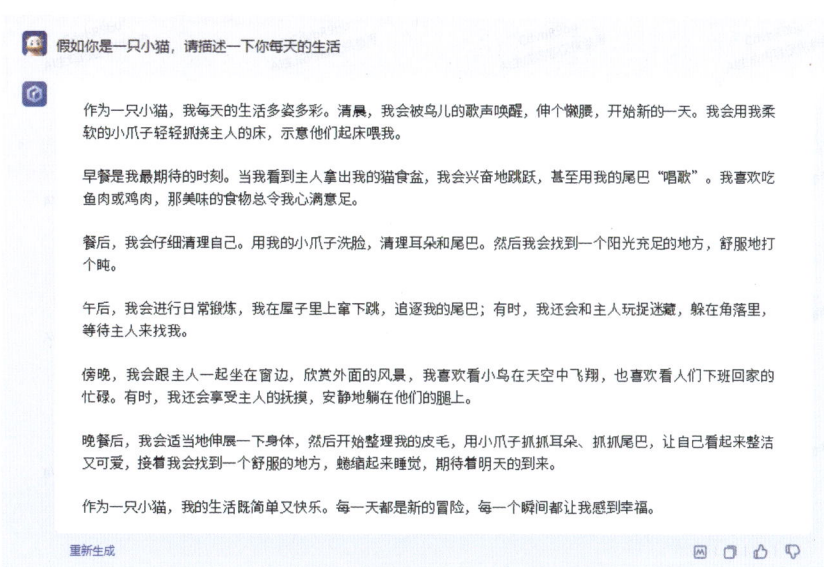

图 1-1 运用推荐提示词对话的效果

**STEP 01** 进入文心一言主页,可以看到 AI 推荐了一些提示词模板,选择与绘画相关的提示词模板,如图 1-2 所示。

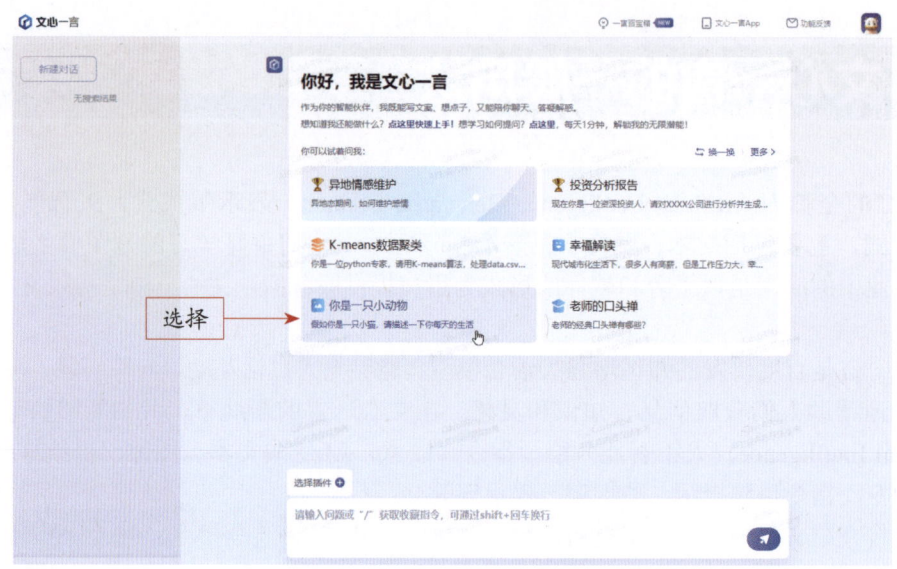

图 1-2 选择相应的提示词模板

**STEP 02** 执行操作后，AI 会针对模板中的提示词给出相应的回答，回复的速度非常快，而且回复的内容也比较贴合提示词的要求，效果如图 1-1 所示。

> ▶ **专家指点**
>
> 用户直接使用推荐的提示词模板，可以快速与文心一言对话，获得相关的对话内容。但是，因为推荐的提示词模板比较有限，所以这种对话方法有时候难以获得自己想要的文案内容。

## 1.1.2 输入自定义提示词对话

扫码看视频

【**效果展示**】：除了使用 AI 推荐的提示词模板进行对话，用户还可以输入自定义的提示词与 AI 进行交流，如图 1-3 所示。

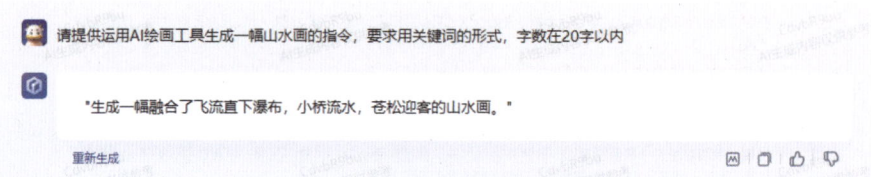

图 1-3 输入自定义提示词对话的效果

**STEP 01** 进入文心一言主页，在下方的输入框中输入相应的提示词，即要 AI 帮你解决的问题或相关要求，如图 1-4 所示。

**STEP 02** 单击输入框右下角的"发送"按钮 ，或者按【Enter】键确认，如图 1-5 所示。

**STEP 03** 执行操作后，即可获得 AI 的回复，效果如图 1-3 所示。用户在输入自定义提示词时，应注意提供明确的主题和需求，以便文心一言能够响应，必要时可以提出限制字数的要求。

第1章 使用文心一言生成绘画指令

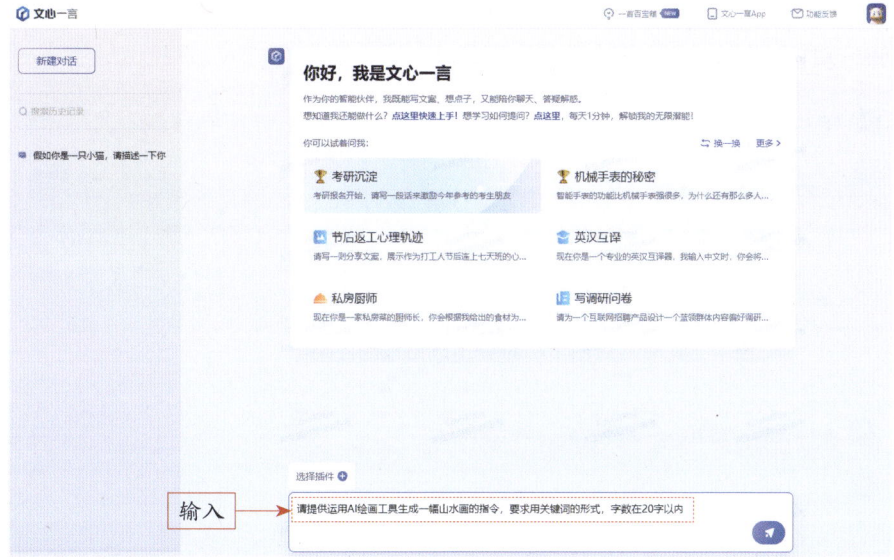

图 1-4 输入相应的提示词

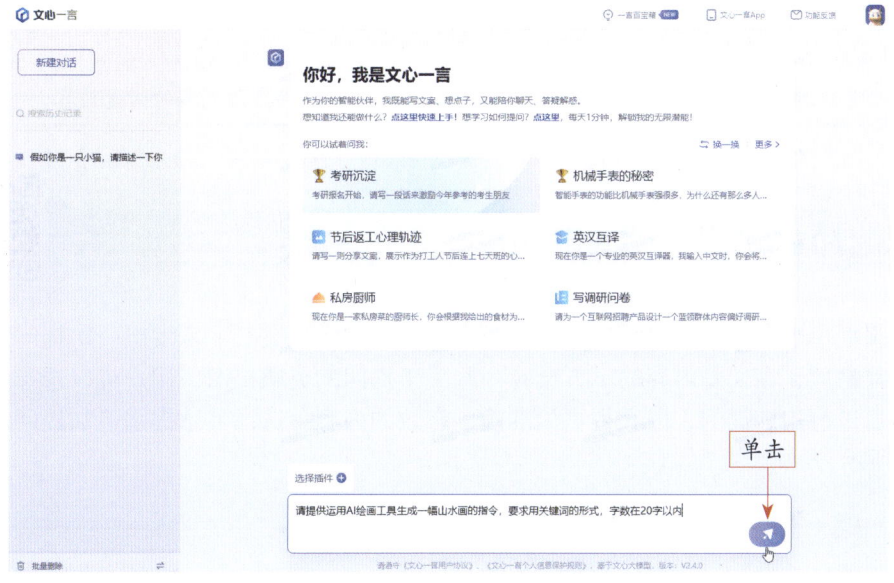

图 1-5 单击"发送"按钮

## 1.1.3 使用按钮重新生成回复

扫码看视频

【效果展示】：如果用户对于文心一言生成的内容不太满意，可以单击"重新生成"按钮让 AI 重新回复，效果如图 1-6 所示。

STEP 01 进入文心一言主页，输入相应的提示词，单击"发送"按钮，即可获得 AI 的回复，单击"重新生成"按钮，如图 1-7 所示。

STEP 02 执行操作后，系统会再次向 AI 发送相同的指令，同时 AI 也会重新生成相关的回复内容，效果如图1-6所示。另外，用户还可以在AI回复内容的下方单击"更好""更差""差不多"按钮，对两次回答的内容进行对比评价。

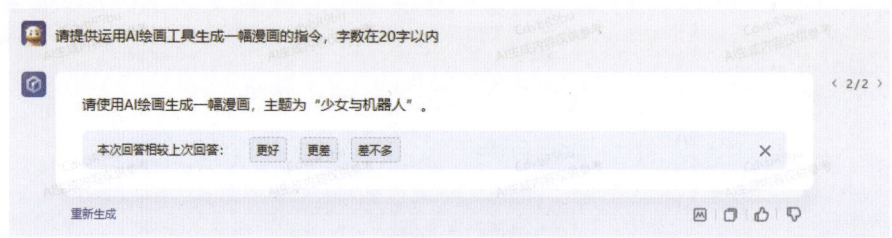

图1-6 重新生成回复的效果

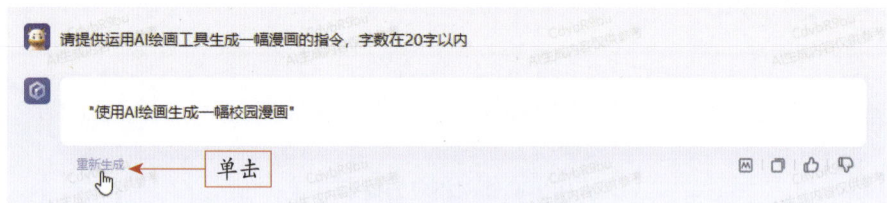

图1-7 单击"重新生成"按钮

> ▶ 专家指点
> 当AI重新回复后，用户可以单击右侧的"  "按钮切换查看之前的回复内容。

## 1.1.4 选择灵感提示追加提问

【效果展示】：为了满足用户的文本需求，每当用户向文心一言发出一次提问，文心一言生成回复之后，在回复内容的下方会有一些关于提问的灵感提示，用户可以选择灵感提示对文心一言进行追加提问，以获得更为准确、有效的内容。选择灵感提示追加提问的效果，如图1-8所示。

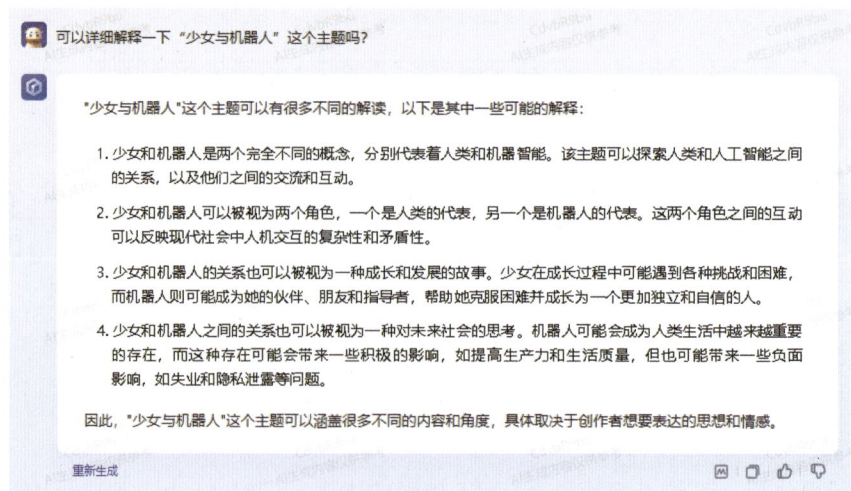

图1-8 选择灵感提示追加提问的效果

14

下面以上一个对话为例介绍选择灵感提示追加提问的具体操作方法。

**STEP 01** 在上一例对话窗口中，文心一言生成回复之后，在回复内容的下方显示了3个追加提问的灵感提示，选择其中一个灵感提示，如图1-9所示。

图1-9 选择其中一个灵感提示

**STEP 02** 执行操作后，文心一言会将这个灵感提示作为提示词，生成新的回复内容，效果如图1-8所示。

## 1.1.5 修改提示词重新生成内容

【**效果展示**】：用户可以对同一个对话窗口中的提示词进行轻微的改动，无须另外新建窗口提问，这个方法可以使用户轻松、便捷地获得更高效的绘画指令，效果如图1-10所示。

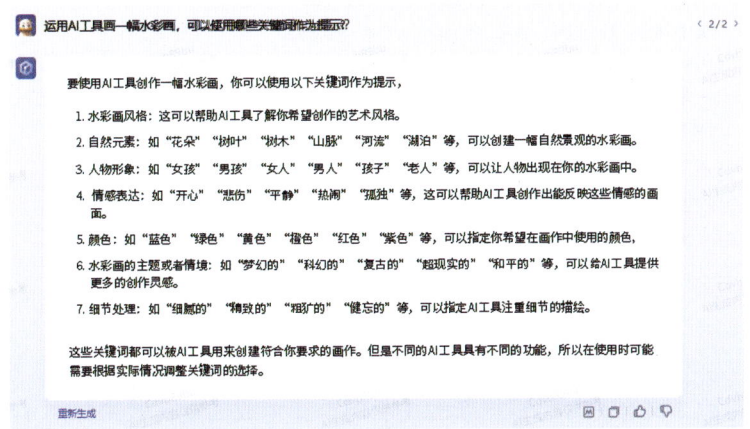

图1-10 修改提示词重新生成内容的效果

STEP 01 向文心一言提出一个问题，并获得回复，将鼠标移至问题的右侧，可以看到"修改"按钮，单击该按钮，如图 1-11 所示。

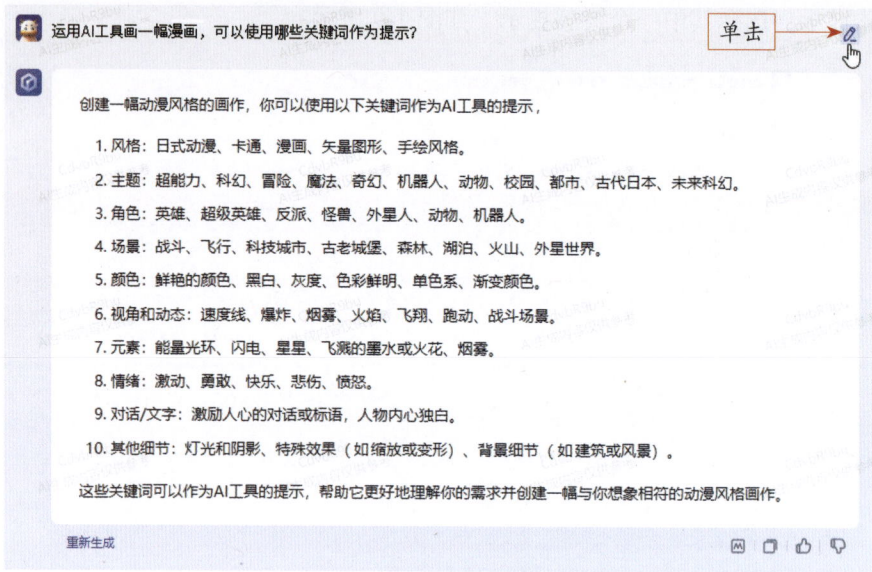

图 1-11 单击修改按钮

STEP 02 修改提示词，如将提示词中的"漫画"改成"水彩画"，单击"确认"按钮，如图 1-12 所示。

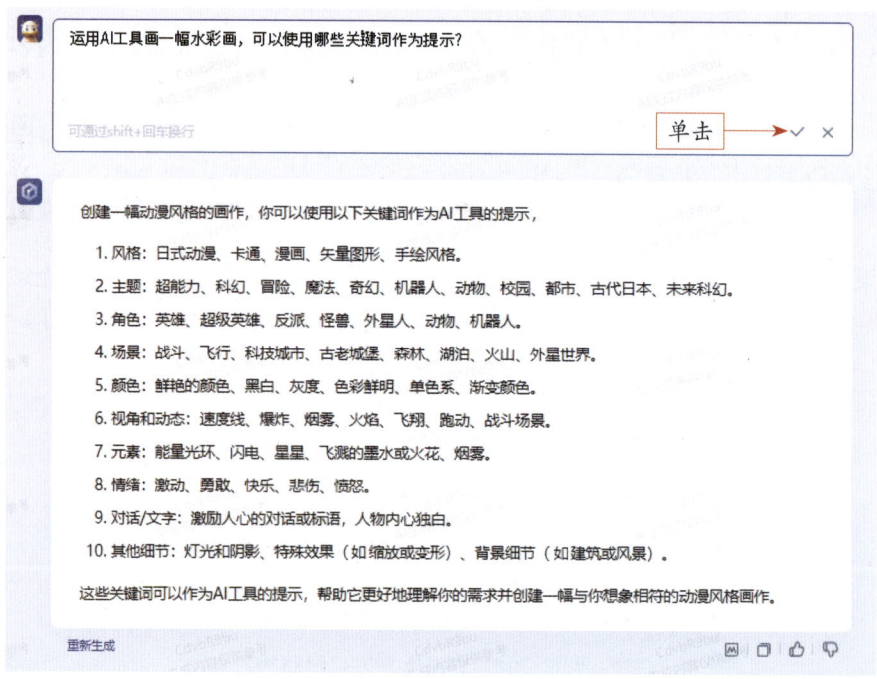

图 1-12 单击相应按钮

STEP 03 执行操作后，文心一言会根据新的提示词重新生成回复，效果如图 1-10 所示。

# 1.2 文心一言的进阶用法

随着文心一言技术的升级与改进，文心一言系统内置了很多提问模板，方便用户在提问时参考，以及使用"绘画达人"提示词模板可以直接生成画作。本节将详细介绍文心一言的这些进阶用法。

## 1.2.1 参考提示词模板撰写绘画指令

【效果展示】：在文心一言首页的右上角，可以看到"一言百宝箱"功能。进入"一言百宝箱"页面，可以看到针对不同种类、不同行业需求的 AI 提示词，为用户提问提供参考。当用户想要文心一言提供绘画指令时，可以进入"一言百宝箱"页面，参考与绘画指令相关的提示词模板，适当修改后便可以撰写出绘画指令，效果如图 1-13 所示。

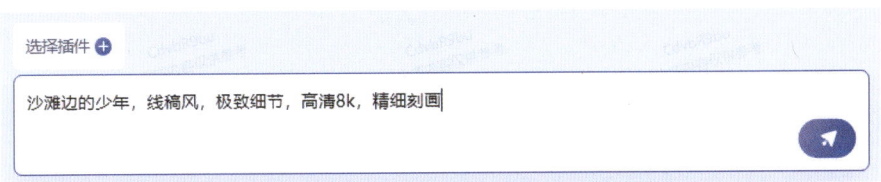

图 1-13 参考提示词模板撰写绘画指令的效果

STEP 01 进入文心一言的首页，单击右上角的"一言百宝箱"按钮，如图 1-14 所示，进入"一言百宝箱"页面。

图 1-14 单击"一言百宝箱"按钮

STEP 02 在"场景"选项卡中选择"绘画达人"选项，如图 1-15 所示。

STEP 03 文心一言内置了很多绘画指令模板，部分展示如图 1-16 所示。

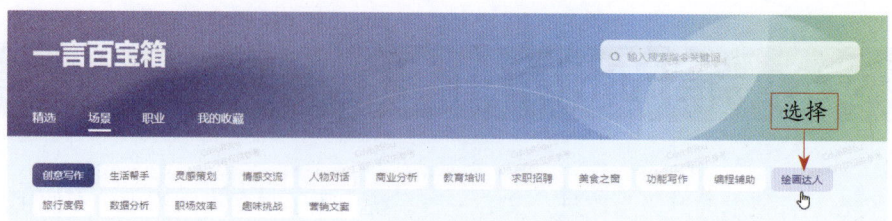

图 1-15 选择"绘画达人"选项

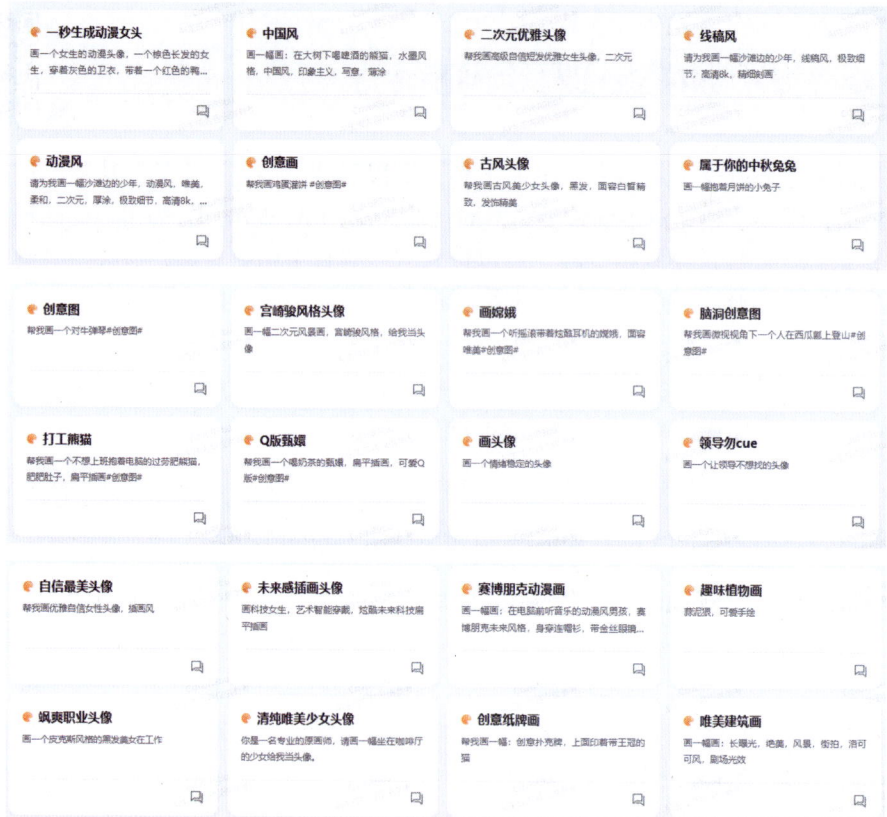

图 1-16 文心一言内置的部分绘画指令模板

STEP 04 选择所需的绘画指令,单击"使用"按钮,如图 1-17 所示。

图 1-17 单击"使用"按钮

STEP 05 执行操作后，系统会自动跳转至对话窗口中，并将对应的指令输入对话框中，如图1-18所示。

图1-18 系统自动跳转至对话窗口中，并生成对话提示词

STEP 06 用户可以对指令进行适当的修改，将其作为绘画指令备用，效果如图1-13所示。

注意：文心一言提供的绘画指令仅作为用户撰写AI绘画指令的参考，尤其是当用户没有灵感时，"绘画达人"提示词模板中的绘画指令可以起到一定的作用。

## 1.2.2 使用"绘画达人"模板直接生成图像

扫码看视频

【效果展示】：用户选择文心一言内置的"一言百宝箱"中的"绘画达人"提示词，可以让文心一言直接生成绘画作品，并附带对绘画作品的文字解释，效果如图1-19所示。

图1-19 使用"绘画达人"模板直接生成图像的效果

**STEP 01** 进入文心一言的"一言百宝箱"页面，选择"绘画达人"选项，如图1-20所示。

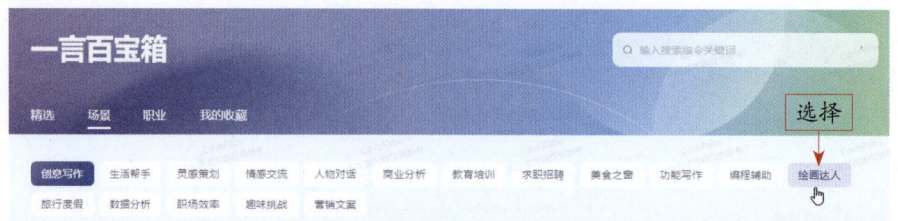

图1-20 选择"绘画达人"选项

**STEP 02** 选择所需的绘画指令，单击"使用"按钮，如图1-21所示。

图1-21 单击"使用"按钮

**STEP 03** 执行操作后，系统会自动跳转至对话窗口中，并将对应的指令输入对话框中，单击发送按钮，或者按【Enter】键确认，如图1-22所示。

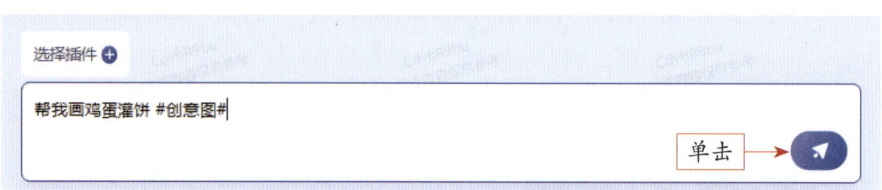

图1-22 单击发送按钮

**STEP 04** 稍等片刻，文心一言即可生成与提示词相对应的图像，并附带文字说明，效果如图1-19所示。

注意，文心一言的主要功能是生成文本，图像只是次要的功能，仅供用户参考。在应用"绘画达人"模板中的绘画指令时，用户可以在对话框中根据自己的需求对指令进行修改。

# 第 2 章
# 使用 ChatGPT 生成绘画指令

与文心一言一样，ChatGPT 也是一个文本生成式 AI 工具。本章，我们将重点介绍使用 ChatGPT 生成 AI 绘画指令的方法，让大家从熟悉指令开始走进 AI 绘画。通过对本章内容的学习，你将熟悉 ChatGPT 平台，以及熟练掌握使用 ChatGPT 生成指令的方法。

# 2.1 ChatGPT 的一般用法

ChatGPT 是一个文本生成式 AI 工具，拥有文本生成的功能。与文心一言的用法类似，用户通过输入提示词与 ChatGPT 进行对话，从而获得 AI 绘画指令。同样地，即使是完全相同的提示词，ChatGPT 每次生成的回复也是会有差异的。

本节将介绍 ChatGPT 的一般用法，帮助大家熟悉 ChatGPT 平台，以及学会 ChatGPT 的基本用法。

## 2.1.1 输入提示词与 ChatGPT 对话

【效果展示】：登录 ChatGPT 后，将会打开 ChatGPT 的对话窗口，即可开始进行对话，用户可以输入任何问题或话题，ChatGPT 将尝试回答并提供与主题相关的信息。输入提示词与 ChatGPT 对话的效果，如图 2-1 所示。

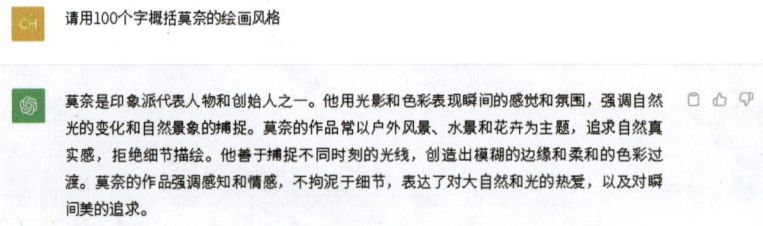

图 2-1 输入提示词与 ChatGPT 对话的效果

**STEP 01** 登录并打开 ChatGPT 的对话窗口，单击底部的输入框，如图 2-2 所示。

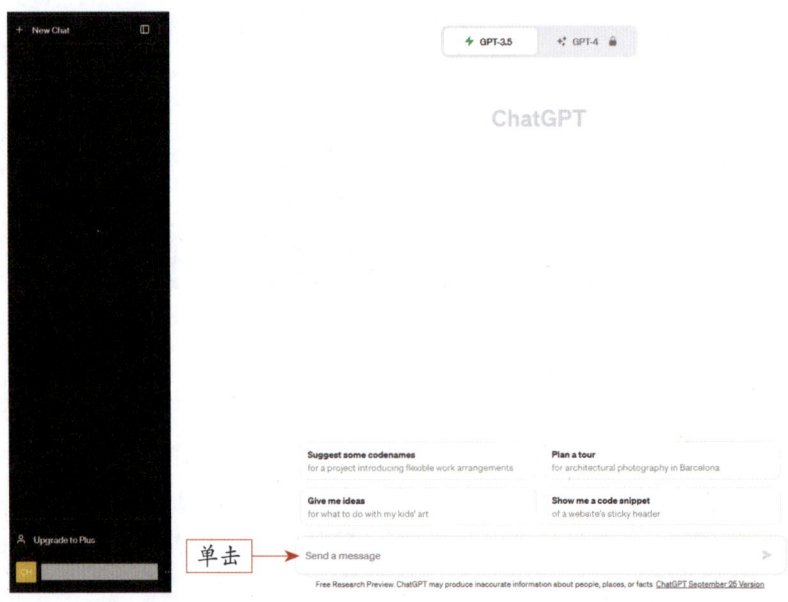

图 2-2 单击底部的输入框

**STEP 02** 在输入框中，输入相应的提示词，如"请用 100 个字概括一下莫奈的绘画风格"，如图 2-3 所示。

图 2-3 输入相应的提示词

**STEP 03** 单击输入框右侧的"发送"按钮▶或按【Enter】键，ChatGPT 即可根据要求生成相应的内容，效果如图 2-1 所示。

## 2.1.2 单击"Regenerate"按钮优化回复

【效果展示】：用户获得 ChatGPT 的回复之后可以对其进行简单的评估，评估 ChatGPT 的回复是否具有参考价值，若觉得有效，则可以单击文本右侧的"复制"按钮，将文本复制出来；若是觉得参考价值不大，可以单击输入框上方的"Regenerate"（重新生成）按钮，ChatGPT 会对同一个提问给出新的回复，相当于对回复内容进行优化。单击"Regenerate"按钮优化回复的效果，如图 2-4 所示。

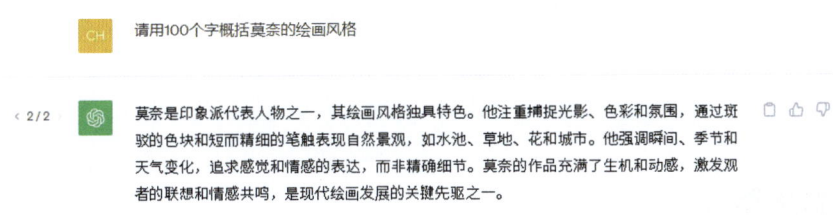

图 2-4 单击"Regenerate"按钮优化回复的效果

**STEP 01** 与 ChatGPT 进行一次对话后，单击输入框上方的"Regenerate"按钮，如图 2-5 所示。

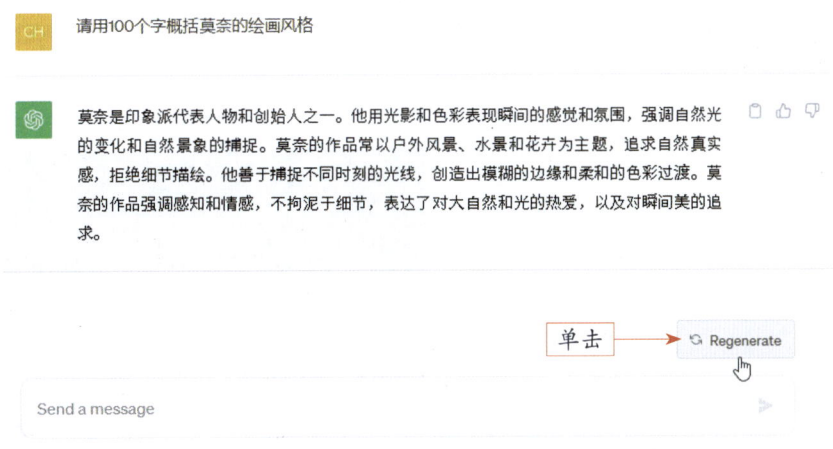

图 2-5 单击"Regenerate"按钮

**STEP 02** 稍等片刻，ChatGPT 会重新生成回复内容，效果如图 2-4 所示。

ChatGPT 对同一个问题的二次回复会用"2/2"的字样进行标记，若是第三次回复则会标记"3/3"。用户通过单击"Regenerate"按钮可以让 ChatGPT 对同一个问题进行多次不同的回复，以获得更有效的 AI 绘画指令。

## 2.1.3 管理 ChatGPT 的对话窗口

扫码看视频

【效果展示】：在 ChatGPT 中，用户每次登录账号后都会默认进入一个新的对话窗口中，而之前建立的对话窗口则会自动保存在左侧的导航面板中，用户可以根据需要对对话窗口进行管理，包括新建、删除及重命名等。下面介绍重命名对话窗口，效果如图 2-6 所示。

图 2-6 重命名对话窗口的效果

**STEP 01** 打开 ChatGPT，单击任意一个之前建立的对话窗口，单击对话窗口名称右侧的 ✎ 按钮，如图 2-7 所示。

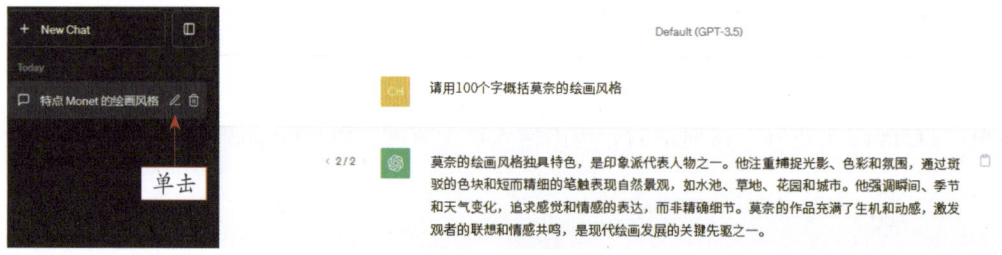

图 2-7 单击 ✎ 按钮

**STEP 02** 执行操作后，即可呈现名称编辑文本框，在文本框中可以修改对话窗口的名称，如图 2-8 所示。

图 2-8 修改对话窗口的名称

**STEP 03** 单击"确认"按钮✓，即可完成对话窗口重命名操作。

▶ 专家指点

🗑按钮表示将当前窗口删除。当用户单击"删除"按钮🗑时，是将整个对话窗口删除，因此为了避免手误操作，ChatGPT平台会弹出"确认"或"取消"对话框请用户确认。

## 2.1.4 改写已发送的提示词生成内容

扫码看视频

【效果展示】：当给ChatGPT发送的指令或提示词有误或者不够精准时，可以对已发送的信息进行改写，让ChatGPT再次生成新的内容，效果如图2-9所示。

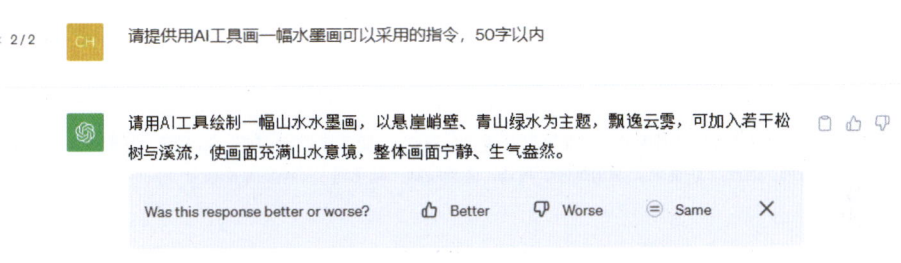

图2-9 改写已经发送的提示词生成内容的效果

**STEP 01** 向ChatGPT提出一个问题，并获得回复，将鼠标移至问题的右侧，可以看到"改写"按钮，单击这个按钮，如图2-10所示。

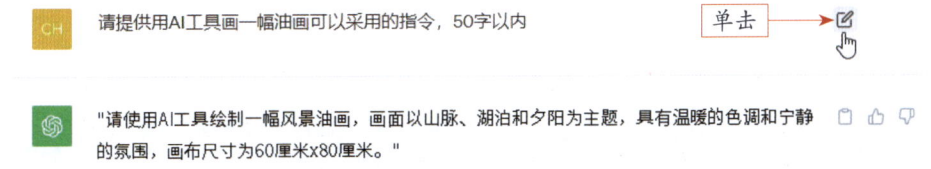

图2-10 单击改写按钮

**STEP 02** 修改提示词，如将提示词中的"油画"改成"水墨画"，单击"Save & Submit"（保存并提交）按钮，如图2-11所示。

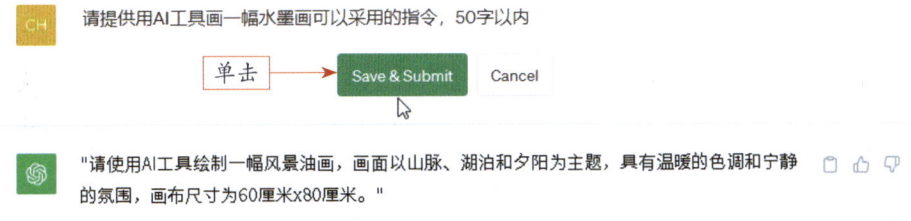

图2-11 单击"Save & Submit"按钮

**STEP 03** 执行操作后，ChatGPT会根据新的提示词重新生成回复，效果如图2-9所示。另外，用户还可以在AI回复内容的下方单击"Better"（更好）、"Worse"（更差）或"Same"（差不多）按钮，对两次回答的内容进行对比评价。

## 2.2 ChatGPT 的进阶用法

用户在掌握了 ChatGPT 的基本操作后，可以进一步掌握更多 ChatGPT 的用法，以便让 ChatGPT 真正地为我们所用。本节将介绍 ChatGPT 的进阶用法。

### 2.2.1 提供实例生成绘画指令

【效果展示】：ChatGPT 具有模仿文本风格生成新内容的能力，用户可以在提示词中提供一个绘画指令的实例，让 ChatGPT 参考实例生成内容，从而获得更多的绘画指令，效果如图 2-12 所示。

> 用AI绘画工具绘制一幅画的指令通常是：画面主体元素+画面风格+绘画技巧，如湖面、月亮、新国风、国潮、3D渲染。请仿照这个写法，生成绘制一幅花鸟工笔画的绘画指令

> 花鸟工笔画的绘画指令可以是：红色鹦鹉，粉色牡丹花，传统绘画技巧。

图 2-12 改写已经发送的提示词生成内容的效果

**STEP 01** 新建一个对话窗口，在 ChatGPT 输入框中输入提示词，例如，"用 AI 绘画工具绘制一幅画的指令通常是：画面主体元素 + 画面风格 + 绘画技巧，如湖面、月亮，新国风、3D 渲染、国潮。请仿照这个写法，生成绘制一幅花鸟工笔画的绘画指令"，如图 2-13 所示。

图 2-13 输入提示词

**STEP 02** 单击输入框右侧的"发送"按钮或按【Enter】键，ChatGPT 即可根据要求生成相应的内容，效果如图 2-12 所示。

### 2.2.2 指定艺术家风格生成绘画指令

【效果展示】：用户可以先让 ChatGPT 分析某一位艺术家的绘画风格，总结其绘画特点，再让 ChatGPT 根据该艺术家的绘画特点生成特定主题画作的指令，从而获得具有创意、艺术感的绘画指令，效果如图 2-14 所示。

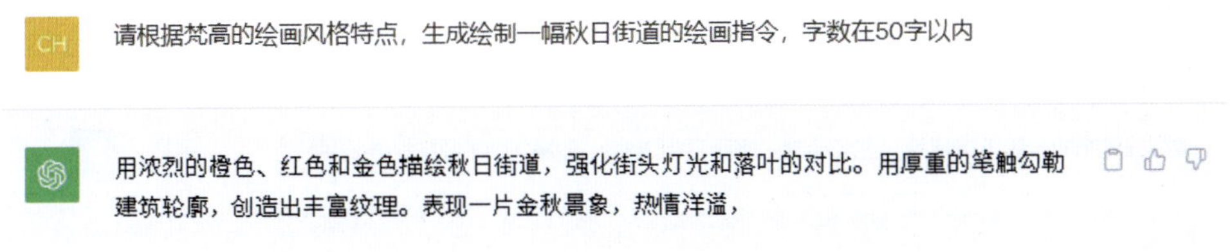

第 2 章 使用 ChatGPT 生成绘画指令

> 请根据梵高的绘画风格特点，生成绘制一幅秋日街道的绘画指令，字数在50字以内

> 用浓烈的橙色、红色和金色描绘秋日街道，强化街头灯光和落叶的对比。用厚重的笔触勾勒建筑轮廓，创造出丰富纹理。表现一片金秋景象，热情洋溢。

图 2-14 指定艺术家风格生成绘画指令的效果

**STEP 01** 新建一个对话窗口，在 ChatGPT 的输入框中输入提示词，如"请分析一下梵高的绘画风格，并用关键词的形式概括出来"，如图 2-15 所示。

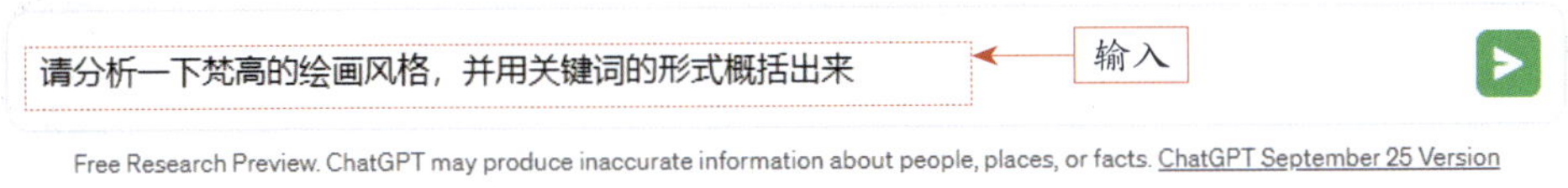

请分析一下梵高的绘画风格，并用关键词的形式概括出来 ← 输入

Free Research Preview. ChatGPT may produce inaccurate information about people, places, or facts. ChatGPT September 25 Version

图 2-15 输入提示词（1）

**STEP 02** 按【Enter】键确认，ChatGPT 会响应提示词，给出梵高的绘画风格，如图 2-16 所示。

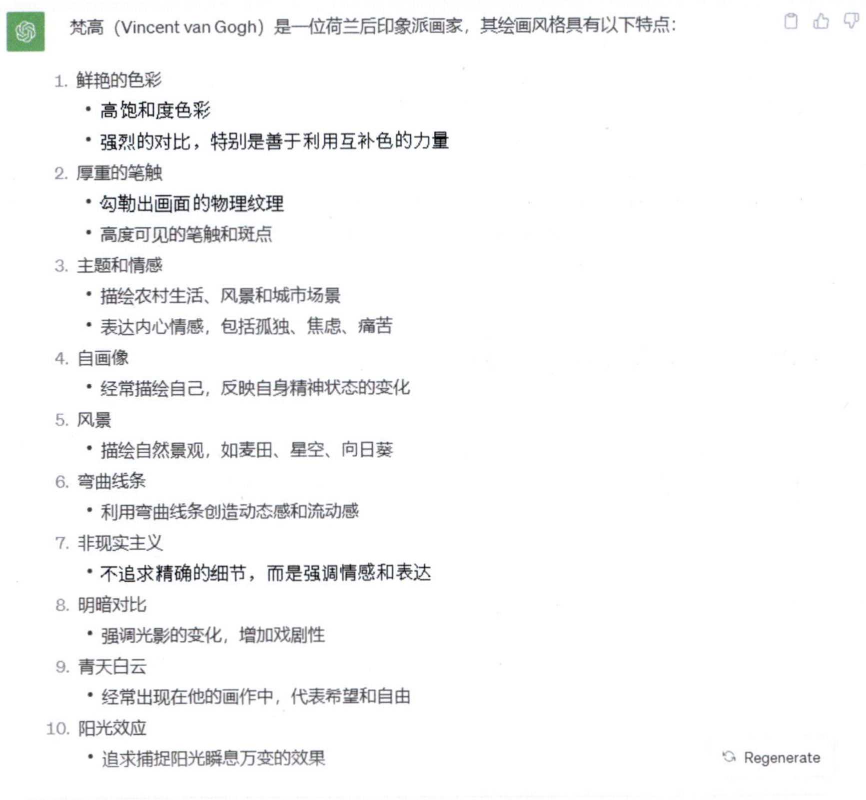

梵高（Vincent van Gogh）是一位荷兰后印象派画家，其绘画风格具有以下特点：

1. 鲜艳的色彩
   - 高饱和度色彩
   - 强烈的对比，特别是善于利用互补色的力量
2. 厚重的笔触
   - 勾勒出画面的物理纹理
   - 高度可见的笔触和斑点
3. 主题和情感
   - 描绘农村生活、风景和城市场景
   - 表达内心情感，包括孤独、焦虑、痛苦
4. 自画像
   - 经常描绘自己，反映自身精神状态的变化
5. 风景
   - 描绘自然景观，如麦田、星空、向日葵
6. 弯曲线条
   - 利用弯曲线条创造动态感和流动感
7. 非现实主义
   - 不追求精确的细节，而是强调情感和表达
8. 明暗对比
   - 强调光影的变化，增加戏剧性
9. 青天白云
   - 经常出现在他的画作中，代表希望和自由
10. 阳光效应
    - 追求捕捉阳光瞬息万变的效果

↻ Regenerate

图 2-16 ChatGPT 给出梵高的绘画风格

**STEP 03** 在同一对话窗口中继续输入提示词，如"请根据梵高的绘画风格特点，生成绘制一幅秋日街道的绘画指令，字数在 50 字以内"，如图 2-17 所示。

27

图 2-17 输入提示词（2）

**STEP 04** 按【Enter】键确认，ChatGPT 即可根据要求生成带有艺术家风格的绘画指令，效果如图 2-14 所示。

## 2.2.3 充当绘画师给出绘画指令

【效果展示】：ChatGPT 可以充当某一领域中较为专业、权威的人，给予用户相应的帮助，如充当绘画师，调用绘画师的专业知识给出绘画指令，可以让用户更快速地获得精准的内容。让 ChatGPT 充当绘画师给出绘画指令的效果，如图 2-18 所示。

图 2-18 让 ChatGPT 充当绘画师给出绘画指令的效果

**STEP 01** 新建一个对话窗口，在 ChatGPT 的输入框中输入提示词，如"请你充当绘画师，提供绘制一幅人物素描画的 AI 绘画指令，字数控制在 100 字以内"，如图 2-19 所示。

图 2-19 输入提示词（3）

**STEP 02** 按【Enter】键确认，ChatGPT 会响应提示词，给出相应的绘画指令，效果如图 2-18 所示。

# 第 3 章
# 掌握 AI 生成绘画指令的技巧

AI 生成绘画指令的主要载体和热门平台是文心一言和 ChatGPT，因此掌握 AI 生成绘画指令的技巧，即掌握写提示词的技巧，借助准确、有效的提示词，让文心一言或 ChatGPT 能够生成高效的内容。本章将为大家介绍几种 AI 生成绘画指令的技巧。

# 3.1 AI 提示词的编写技巧

AI 提示词是指向文心一言或 ChatGPT 提问的指令,也称关键词、提示语等。用户想要运用 AI 工具快速获得绘画指令,需要掌握一定的提示词编写技巧,向文心一言或 ChatGPT 精确地提问,才有可能快速地获得有效回复。

本节将介绍 4 种 AI 提示词的编写技巧,这些技巧均适用于文心一言和 ChatGPT,能够帮助大家建立编写提示词的思路,获得相应的灵感。

## 3.1.1 明确提示词的目标

【效果展示】:用户在输入提示词之前,首先要明确提示词的目标,即想要得到什么样的结果。例如,想要让文心一言生成绘画指令,就要明确绘画的主题、风格、绘画元素等要求。下面以运用文心一言为例来介绍如何明确提示词的目标,文心一言的回复效果如图 3-1 所示。

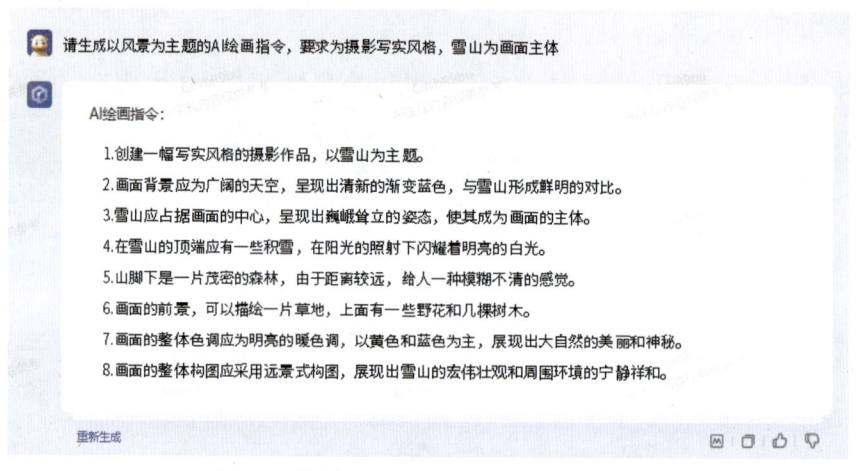

图 3-1 明确提示词的目标获得的回复效果

**STEP 01** 在文心一言的对话窗口中,输入相应的提示词,如"请生成以风景为主题的 AI 绘画指令,要求摄影为写实风格,画面主体为雪山",如图 3-2 所示。

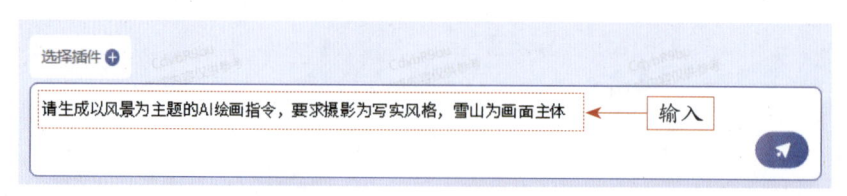

图 3-2 输入相应的提示词

**STEP 02** 按【Enter】键确认,AI 即可根据用户输入的绘画的主题、风格、绘画元素等要求生成相应的 AI 绘画指令,效果如图 3-1 所示。

## 3.1.2 运用自然语言提问

【效果展示】：在文心一言或 ChatGPT 中，用户要尽量使用自然语言来编写提示词，避免使用过于复杂或专业的语言。文心一言和 ChatGPT 都是基于自然语言处理的模型，使用自然语言编写的提示词可以让 AI 更好地理解用户的需求，并生成自然、流畅的回答。下面将以运用 ChatGPT 为例来介绍使用自然语言提问的方法，ChatGPT 的回复效果如图 3-3 所示。

图 3-3 使用自然语言提问获得的回复效果

**STEP 01** 新建一个对话窗口，在 ChatGPT 的输入框中，输入提示词"画一只小猫可以从哪些方面入手？"，这种提示词就像是我们与普通人进行对话一样，如图 3-4 所示。

图 3-4 输入相应的提示词

**STEP 02** 按【Enter】键确认，AI 可以很好地理解问题的意图，从而产生准确、符合用户期望的回答，效果如图 3-3 所示。

> ▶ 专家指点
>
> 自然语言是指人类日常使用的语言，包括口语和书面语。与计算机语言不同，自然语言是人类用来表述问题或需求的方式，几乎所有人都能轻松理解；而计算机语言则是人们为了与计算机进行交互而设计的特定语言，一般人是无法理解的。
>
> 使用自然语言向 AI 提问时避免使用过多的词汇或语句。

## 3.1.3 精心设计提示词

【**效果展示**】：在设计提示词内容时，我们要注重质量而非数量，尽可能提供详细、准确、具有启发性的信息，以激发 AI 的创造力。同时，还要避免提供过多的限制性信息，给 AI 留下一定的自由发挥空间。下面将以运用文心一言为例来介绍如何精心设计提示词，文心一言的回复效果如图 3-5 所示。

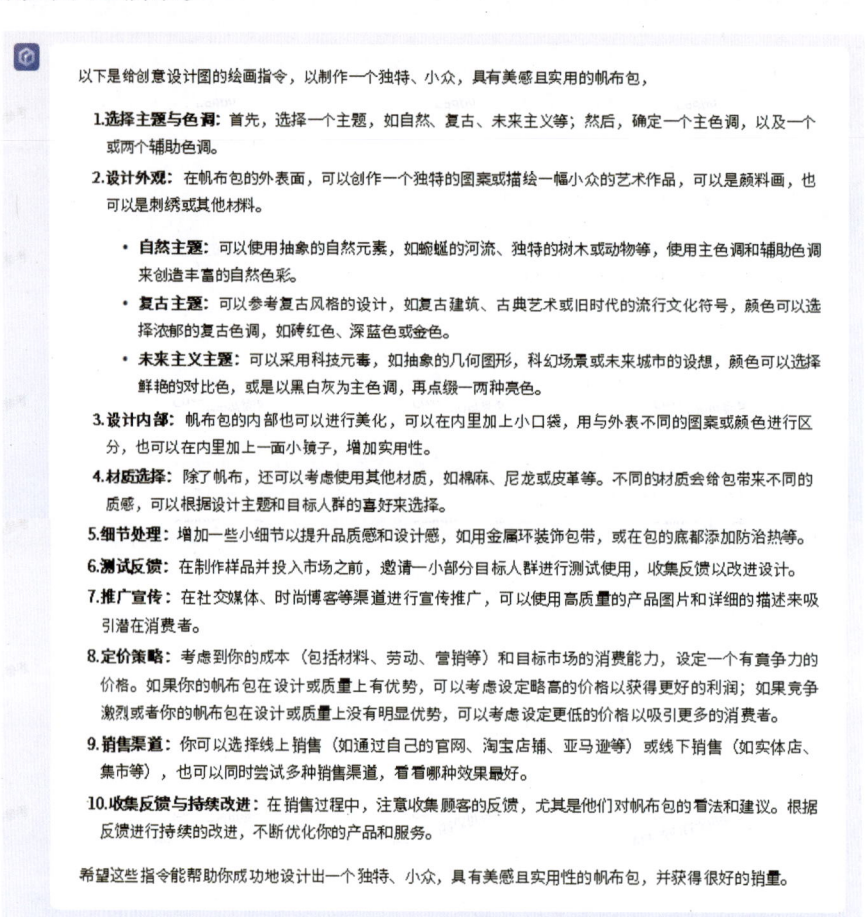

图 3-5 精心设计提示词的回复效果

**STEP 01** 让文心一言根据主题"创意"生成一个产品图的绘画指令，在设计和提供提示词内容时，可以在文心一言的对话窗口中，输入相应的提示词，如图 3-6 所示。

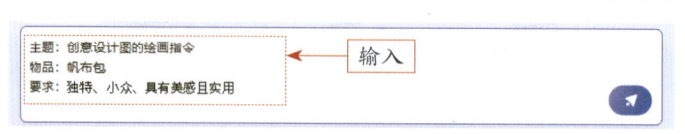

图 3-6 输入相应的提示词

STEP 02 按【Enter】键确认，AI 即可根据用户输入的主题、物品、要求等生成相应的绘画指令，效果如图 3-5 所示。

通过精心设计提示词内容，我们可以更好地激发文心一言的创造力，使其生成更高质量的 AI 内容。在实际运用中，用户可以根据不同的需求和场景，灵活调整提示词内容，以达到最佳的生成效果。

## 3.1.4 以问题的形式来编写

【效果展示】：用户可以采用问题的形式提出你希望 AI 回答或讨论的内容，如"什么是矢量画"。注意，问题要明确具体，不要太宽泛，避免像"告诉我关于矢量画的全部知识"这样过于开放式的问题。下面将以运用文心一言为例介绍以问题的形式来编写提示词的方法，文心一言的回复效果如图 3-7 所示。

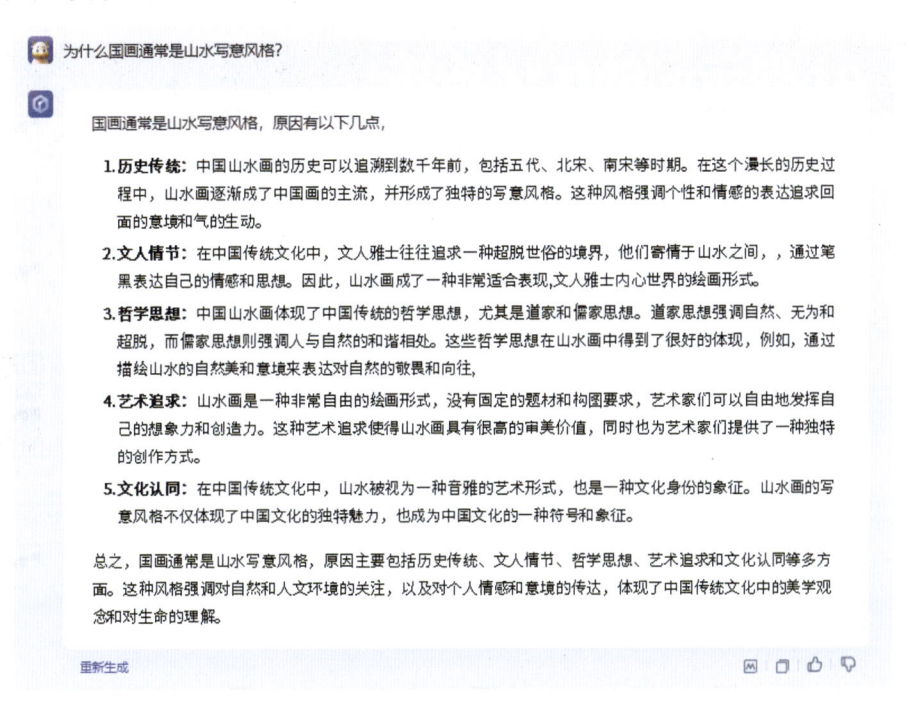

图 3-7 以问题的形式来编写提示词的回复效果

STEP 01 新建一个对话窗口，在文心一言的输入框中，输入相应的提示词，其中用到了"为什么"这个提问词来引导 AI 进行解释或探讨，如图 3-8 所示。

图 3-8 输入相应的提示词

STEP 02 按【Enter】键确认，即可通过问题的形式与 AI 进行流畅、高效的交互，并得到优质的回答，效果如图 3-7 所示。

以问题的形式编写提示词的相关技巧如下：

- 将问题分解成多个小问题，每次只提出一个具体的问题，然后再根据 AI 的回答进行追问，使对话内容的主题更加明确。
- 在问题中提供足够的背景和上下文信息，让 AI 充分理解你的意图，可以先简要描述背景，然后再提出相关问题。
- 使用 AI 回答中的信息进行进一步提问，使对话内容更加深入。
- 使用不同的表述方式进行提问，评估不同问题的回答质量。
- 尝试使用一系列相关的问题探索一个主题。
- 提出稍微开放式的问题，避免 AI 只能回答 yes/no 的关闭式问题，让 AI 给出更长、更全面的回答。
- 遵循由表及里的提问顺序，从基本的问题出发，再深入到具体的细节，不要一次性提很多问题。

# 3.2 AI 提示词的优化技巧

当用户需要 AI 绘制较为复杂、具有创意性、难以言说的画作时，可能不知道如何编写绘画指令，此时，掌握一些复杂的提示词编写技巧，让文心一言或 ChatGPT 直接生成绘画指令是一个不错的途径。本节将介绍一些 AI 提示词的优化技巧，帮助大家熟练运用 AI 工具生成复杂的 AI 绘画指令。

## 3.2.1 提供示例并加以引导

【效果展示】：在提示词中可以给 AI 提供一些示例和引导，从而帮助 AI 更好地理解我们的需求。例如，用户可以提供一些相关的话题、关键词或短语，或者描述一个场景或故事。下面以运用文心一言为例来介绍提供示例并加以引导的方法，文心一言的回复效果如图 3-9 所示。

图 3-9 提供示例并加以引导的回复效果

STEP 01 在文心一言的对话窗口中,输入相应的提示词,提示词的具体要求是将一段文本扩写为漫画故事,并在后面给出了部分故事内容,如图 3-10 所示。

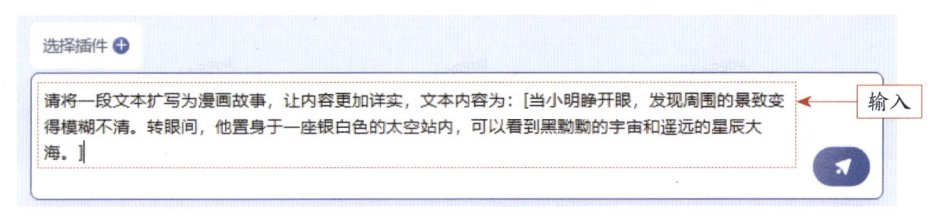

图 3-10 输入相应的提示词

STEP 02 按【Enter】键确认,AI 即可根据提示词中给出的部分故事内容进行扩写,得到一篇完整的漫画故事,效果如图 3-9 所示。

## 3.2.2 提供具体的信息和细节

【效果展示】:在提示词中提供具体、详细的信息和细节,可以帮助 AI 更好地理解你的需求,从而生成更准确、具体的回答。下面以运用 ChatGPT 为例来介绍提供具体的信息和细节的方法,ChatGPT 的回复效果如图 3-11 所示。

图 3-11 提供具体的信息和细节的回复效果

**STEP 01** 在 ChatGPT 的对话窗口中，输入相应的提示词，对于这种要求解释或描述某个知识点的提示词，可以先让 AI 扮演某个专业身份，然后再简要说明这个知识点的具体细节，如图 3-12 所示。

图 3-12 输入相应的提示词

**STEP 02** 按【Enter】键确认，通过在提示词中提供充足的细节和信息，可以帮助 AI 生成更准确和令人满意的回答，效果如图 3-11 所示。

关于在 Prompt（提示）中添加细节和信息的一些具体建议如下：

- 对于场景类的 Prompt，可以在其中描述人物身份、场景时间、发生地点等详细信息。
- 提供你已经知道的与 Prompt 相关的任何信息和细节，都可以帮助 AI 理解你的意图。
- 避免提供与 Prompt 请求无关的细节，这可能会让 AI 分心或误解你的意图。
- 根据 AI 的回答补充更多相关细节，使对话层层深入。

### 3.2.3 提供上下文背景信息

【效果展示】：用户可以在提示词中提供足够的上下文背景信息，以便 AI 能够理解你的意图并生成准确的内容。下面以运用 ChatGPT 为例来介绍提供上下文背景信息的方法，ChatGPT 的回复效果如图 3-13 所示。

图 3-13 提供上下文背景信息的回复效果

**STEP 01** 在 ChatGPT 的对话窗口中，输入相应的提示词，通过明确指出主题，并预先提供各个元素，可以让 AI 更好地把握我们的需求，以及绘画指令的重点，如图 3-14 所示。

图 3-14 输入相应的提示词

**STEP 02** 按【Enter】键确认，AI 即可生成适合不同节气的绘画指令，部分效果如图 3-13 所示。必要时，用户可以在提示词中加入字数限制要求，避免 ChatGPT 生成过长的内容。

此外，用户还应该考虑提示词内容的逻辑性和连贯性。通过合理的提示词，我们可以确保 ChatGPT 生成的内容具有清晰的逻辑结构和可实操性，这有助于用户获得有效的绘画指令。

在编写提示词时，用户可以通过以下几个技巧来帮助 AI 理解并生成连贯、逻辑清晰的内容，而不只是零散的信息：

- 在提示词开头简要描述一下要生成绘画指令的主题和背景，让 AI 明确我们的需求。
- 使用提纲列出主要的信息点，使 AI 能够识别重点信息。
- 可以提供一些关键词，让 AI 根据这些词探讨相关的概念和细节，使内容更丰富、准确。
- 如果有需要，用户也可以提供一些实际的例子或数据让 AI 引用，增加内容的准确性。

## 3.2.4 让 AI 扮演某一个角色

【效果展示】：用户可以让 AI 扮演某一个角色并向其提出问题，这样可以为 AI 提供更明确的情境。下面以运用文心一言为例来介绍让 AI 扮演某一个角色的方法，文心一言的回复效果如图 3-15 所示。

图 3-15 让 AI 扮演某一个角色的回复效果

**STEP 01** 新建一个对话窗口,在文心一言的输入框中输入提示词,如"假设你是一位 AI 绘画师,请提供一些绘制创意卡通人物的绘画指令",如图 3-16 所示。让文心一言以绘画师的思路来生成绘画指令,这样能够回复更有针对性和专业性的答案。

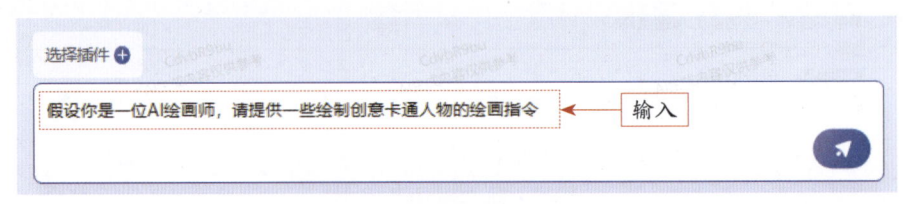

图 3-16 输入相应的提示词

**STEP 02** 按【Enter】键确认,AI 即可生成相应的绘画指令,效果如图 3-15 所示。若对文心一言生成的绘画指令不太满意,可以继续追问或修改提示词重新提问。

让 AI 充当绘画师,能够帮助 AI 更好地理解该角色。另外,角色的请求可以用第一人称表达,增加代入感和逼真度。

## 3.2.5 指定 AI 的输出格式

【效果展示】:用户可以指定 AI 输出的格式要求,如要求以列表形式回答、限定字数长度等,以便得到更易于理解的回答。下面以运用文心一言为例来介绍指定 AI 的输出格式的方法,文心一言的回复效果如图 3-17 所示。

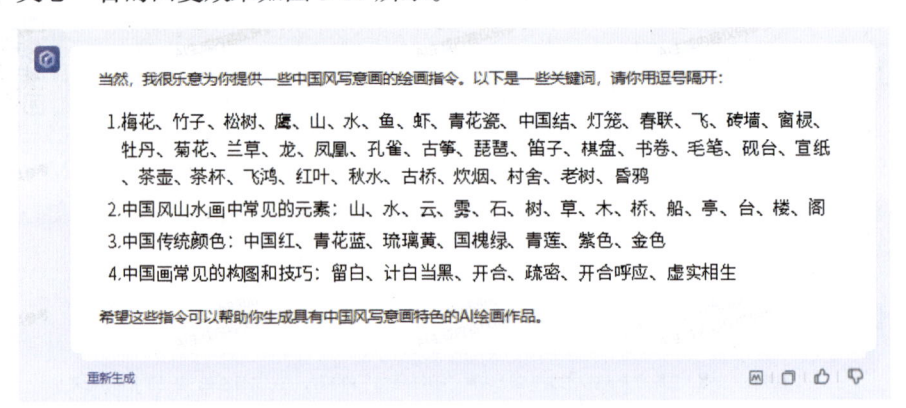

图 3-17 指定 AI 的输出格式的回复效果

**STEP 01** 在文心一言的对话窗口中,输入相应的提示词,要求 AI 通过两个字的关键词和逗号隔开的形式对答案进行展示,如图 3-18 所示。

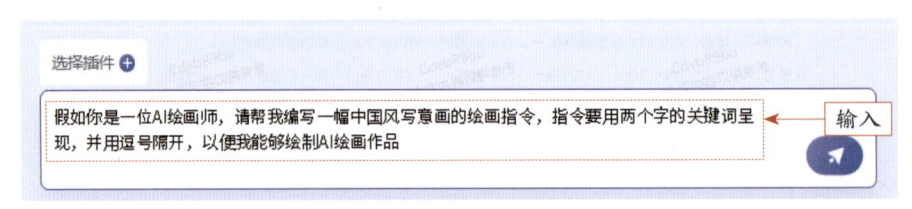

图 3-18 输入相应的提示词

**STEP 02** 按【Enter】键确认，AI 即可按照要求生成相应的绘画指令，效果如图 3-17 所示。

在 Prompt 中指定输出格式要求时可以使用下列技巧：

- 明确指出需要的格式类型，如"请用列表的格式来回答"。
- 指定段落结构，如"请在第一段简要总结，然后在以下各段详细阐述"。
- 限制输出长度，如"请用不超过 500 字来概述""请用 1～2 句话说明"。
- 指定语气和风格，如"请用通俗易懂的语言进行解释"。
- 指定关键信息进行突出显示，如"请用粗体字标出你的主要观点"。
- 要求补充例子或图像，如"请给出 2～3 个例子来佐证你的观点"。
- 指定回复的语言，如"请用简单的英语回答"。
- 要求对比不同观点，如"请先阐述 A 的观点，然后对比 B 的不同看法"。
- 给出预期的格式样本，要求 AI 仿照该格式生成内容。

除上面介绍的优化技巧外，还可以使用肯定的语言，在提示词中用肯定的语言可以给文心一言一个积极的开始，从而让 AI 生成更符合要求的结果，效果如图 3-19 所示。

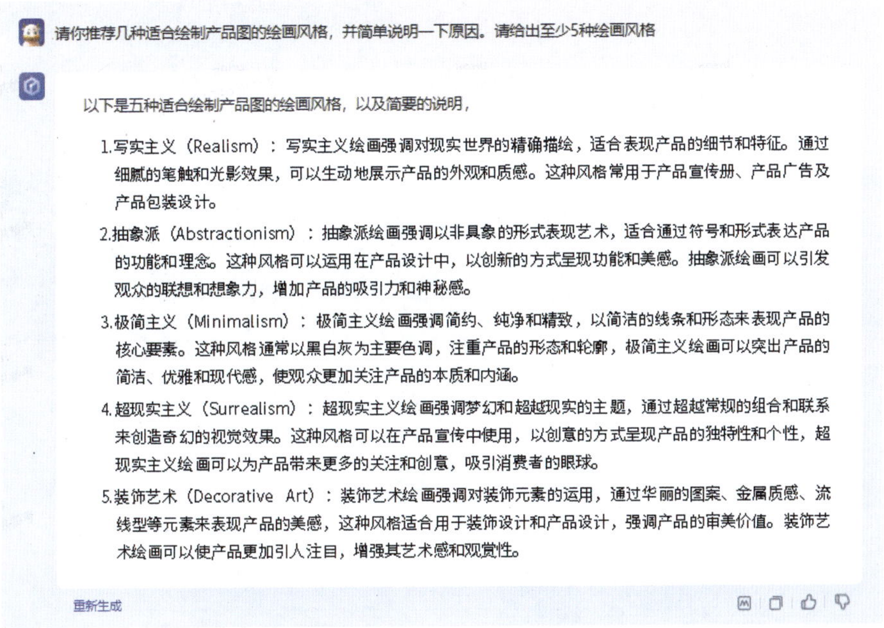

图 3-19 使用肯定的语言优化提示词的回复效果

# 绘画技巧篇

# 第 4 章
## 文心一格的基本绘画操作

文心一格是一个非常有潜力的 AI 绘画工具，可以帮助用户实现高效、有创意的绘画创作。本章主要介绍文心一格的基本绘画操作，帮助大家实现"一语成画"的目标，轻松地创作出引人入胜的精美画作。

# 4.1 运用文心一格创作图片

文心一格是百度推出的 AI 绘画平台，通过响应输入的提示词可以生成不同类型和风格的图片。本节将介绍运用文心一格来生成图片的方法，帮助大家掌握文心一格的基本操作。

## 4.1.1 在"探索创作"中寻找灵感生成图片

【**效果展示**】：对于新手来说，可以直接在文心一格首页的"探索创作"选项区中找到绘画指令的灵感，来快速创作出相似的画作效果，如图 4-1 所示。

图 4-1 图片效果

**STEP 01** 进入文心一格首页后，在"探索创作"选项区中选择相应的画作，单击"创作相似"按钮，如图 4-2 所示。

图 4-2 单击"创作相似"按钮

第 4 章 文心一格的基本绘画操作

**STEP 02** 执行操作后,进入"AI 创作"页面,自动填入所选画作的提示词,设置相应的出图数量,其他选项保持默认设置即可,单击"立即生成"按钮,如图 4-3 所示。

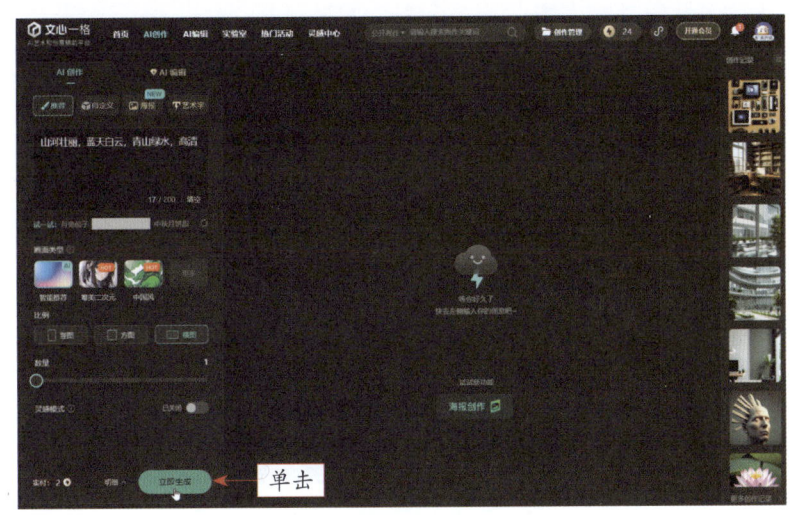

图 4-3 单击"立即生成"按钮

**STEP 03** 稍等片刻,即可生成美丽的风景山水画,图片效果如图 4-1 所示。

▶ 专家指点

与生成绘画指令的 AI 工具一样,即便是完全相同的指令,文心一格生成的图片也会有所差别,因此用户应将更多的精力用于掌握文心一格的操作方法上。

## 4.1.2 输入自定义绘画指令生成图片

扫码看视频

【效果展示】:在"AI 创作"页面中,用户可以输入自定义的绘画指令(该平台也将其称为创意),让 AI 生成符合自己需求的图片效果,如图 4-4 所示。

图 4-4 图片效果

43

**STEP 01** 进入"AI 创作"页面,输入相应的绘画指令,如"春天,花朵,樱花树,花瓣飞舞,可爱的蘑菇屋",如图 4-5 所示。

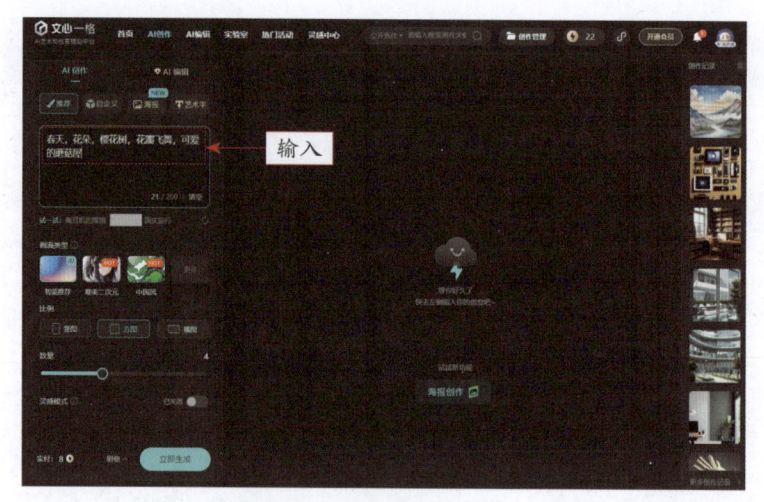

图 4-5 输入相应的绘画指令

**STEP 02** 设置相应的图像比例和出图数量,单击"立即生成"按钮,如图 4-6 所示。

图 4-6 单击"立即生成"按钮

**STEP 03** 稍等片刻,即可生成梦幻的蘑菇屋图片,效果如图 4-4 所示。

## 4.1.3 运用系统推荐的指令生成图片

【效果展示】:在绘画指令输入框的下方,系统会推荐一些绘画指令示例,用户可以选择相应的指令进行 AI 绘画,效果如图 4-7 所示。

**STEP 01** 进入"AI 创作"页面,选择相应的系统推荐的绘画指令,如图 4-8 所示。

STEP 02 设置相应的图像比例和出图数量，单击"立即生成"按钮，即可生成与指令相符的图片，效果如图 4-7 所示。

图 4-7 图片效果

图 4-8 选择相应的系统推荐的绘画指令

## 4.1.4 选择"智能推荐"画面类型绘画

【效果展示】：选择"智能推荐"画面类型时，可以通过指令来控制画风，如采用偏写实风格的指令绘画时，可以高度还原现实世界的细节和质感，给人一种身临其境的感觉，效果如图 4-9 所示。

STEP 01 进入"AI 创作"页面，输入相应的绘画指令，在"画面类型"选项区中选择"智能推荐"选项，如图 4-10 所示。

STEP 02 设置相应的出图数量，单击"立即生成"按钮，即可生成相应的图片，图片具有逼真的效果，如图 4-9 所示。

图 4-9 图片效果

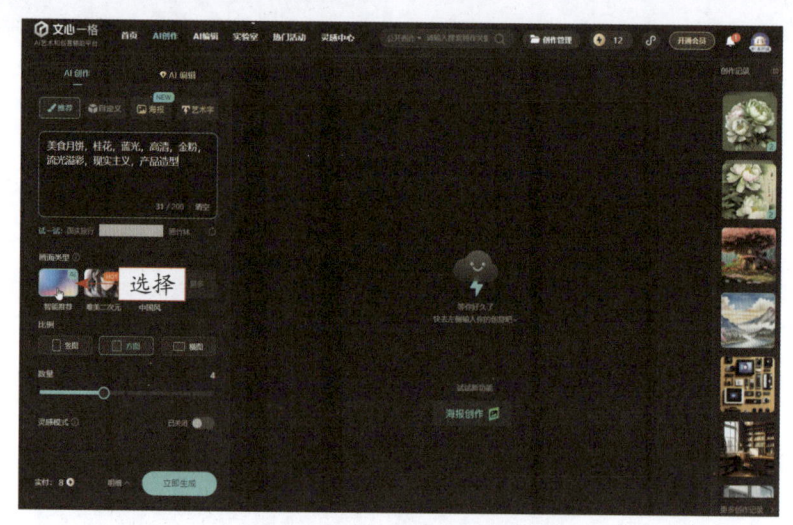

图 4-10 选择"智能推荐"选项

## 4.1.5 选择"艺术创想"画面类型绘画

【效果展示】：选择"艺术创想"画面类型生成的图片效果具有较强的艺术感，可以将普通的图像或场景转化为具有审美价值的创意作品，效果如图 4-11 所示。

**STEP 01** 进入"AI 创作"页面，输入相应的绘画指令，如"木屋，池塘，枫叶，剪纸艺术"，如图 4-12 所示。

**STEP 02** 在"画面类型"选项区中单击"更多"按钮，展开该选项区，选择"艺术创想"选项，如图 4-13 所示。

**STEP 03** 设置相应的图像比例和出图数量，单击"立即生成"按钮，即可生成将剪纸艺术与自然环境相结合的图片，效果如图 4-11 所示。

图 4-11 图片效果

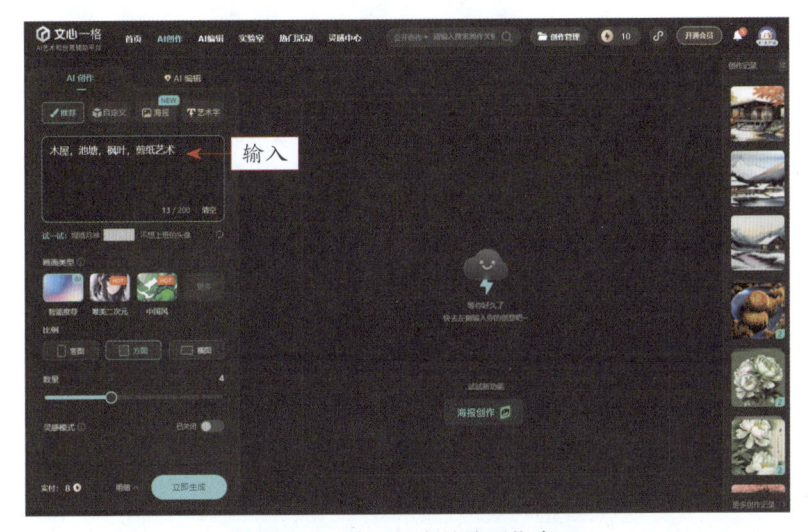

图 4-12 输入相应的绘画指令

图 4-13 选择"艺术创想"选项

## 4.1.6 选择"中国风"画面类型绘画

【效果展示】：选择"中国风"画面类型生成的图像能够展现中国文化的独特魅力，营造出复古、古朴的氛围，效果如图 4-14 所示。

图 4-14 图片效果

**STEP 01** 进入"AI 创作"页面，输入相应的提示词，在"画面类型"选项区中选择"中国风"选项，如图 4-15 所示。

图 4-15 选择"中国风"选项

**STEP 02** 设置相应的图像比例和出图数量，单击"立即生成"按钮，即可生成相应的图片，如图 4-14 所示。

## 4.1.7 选择"插画"画面类型绘画

【效果展示】：选择"插画"画面类型生成的图像具有鲜明的色彩、独特的风格，并且会强调细节和画面元素，能够吸引受众的注意力，传达出特定的情感和信息，效果如图 4-16

所示。

图 4-16 图片效果

**STEP 01** 进入"AI 创作"页面,输入相应的提示词,展开"画面类型"选项区,选择"插画"选项,如图 4-17 所示。

图 4-17 选择"插画"选项

**STEP 02** 设置相应的图像比例和出图数量,单击"立即生成"按钮,即可生成相应的图片,如图 4-16 所示。

## 4.1.8 选择"炫彩插画"画面类型绘画

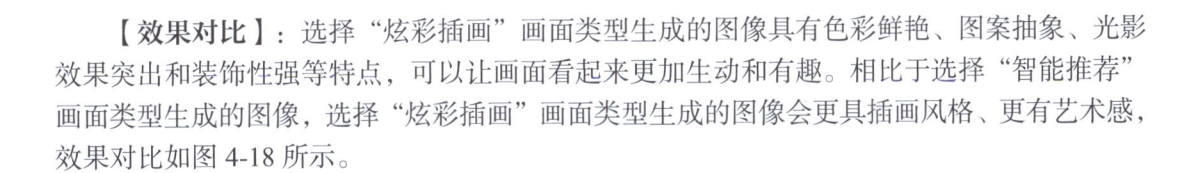

【效果对比】:选择"炫彩插画"画面类型生成的图像具有色彩鲜艳、图案抽象、光影效果突出和装饰性强等特点,可以让画面看起来更加生动和有趣。相比于选择"智能推荐"画面类型生成的图像,选择"炫彩插画"画面类型生成的图像会更具插画风格、更有艺术感,效果对比如图 4-18 所示。

图 4-18 选择"智能推荐"画面类型（左）和选择"炫彩插画"画面类型（右）生成的图片效果对比

**STEP 01** 进入"AI 创作"页面，输入相应的提示词，设置图像比例和出图数量，单击"立即生成"按钮，如图 4-19 所示。选择"智能推荐"画面类型生成的图片效果如图 4-18 所示。

图 4-19 单击"立即生成"按钮

**STEP 02** 展开"画面类型"选项区，选择"炫彩插画"选项，单击"立即生成"按钮，生成的图片效果如图 4-18 所示。

## 4.1.9 选择"像素艺术"画面类型绘画

【效果对比】：选择"像素艺术"画面类型生成的图像以像素为基本单位，每个像素都有明确的颜色和亮度，因此画面通常具有明显的颗粒感，给人一种复古或怀旧的感觉。相比于选择"智能推荐"画面类型生成的图像，选择"像素艺术"画面类型生成的图像拥有更强的像素风格，画面主题突出，不会有过于复杂的元素，效果对比如图 4-20 所示。

第 4 章 文心一格的基本绘画操作

图 4-20 选择"智能推荐"画面类型（左）和选择"像素艺术"画面类型（右）生成的图片效果对比

**STEP 01** 进入"AI创作"页面，输入相应的提示词，设置相应的图像比例和出图数量，单击"立即生成"按钮，如图 4-21 所示。选择"智能推荐"画面类型生成的图片效果如图 4-20 所示。

图 4-21 单击"立即生成"按钮

**STEP 02** 展开"画面类型"选项区，选择"像素艺术"选项，单击"立即生成"按钮，在"像素艺术"画面类型下生成的图片效果如图 4-20 所示。

## 4.1.10 选择"梵高"画面类型绘画

【效果对比】：文森特·威廉·梵高（Vincent Willem van Gogh）是一位荷兰后印象派画家，他的画作不仅色彩浓郁、饱和度高，而且色彩对比强烈，具有很强的感染力。相比于选择"智能推荐"画面类型生成的图像，选择"梵高"画面类型生成的图像具有浓郁的色彩，而且能够展现出一定的绘画风格和艺术魅力，效果对比如图 4-22 所示。

51

图 4-22 选择"智能推荐"画面类型(上)和选择"梵高"画面类型(下)生成的图片效果对比

**STEP 01** 进入"AI 创作"页面,输入相应的提示词,设置相应的图像比例和出图数量,单击"立即生成"按钮。选择"智能推荐"画面类型生成的图像具有真实摄影的风格,效果如图 4-23 所示。

图 4-23 选择"智能推荐"画面类型生成的图像效果

**STEP 02** 展开"画面类型"选项区,选择"梵高"选项,单击"立即生成"按钮,生成的图像效果如图 4-24 所示。

图 4-24 选择"梵高"画面类型生成的图像效果

## 4.1.11 选择"超现实主义"画面类型绘画

【效果对比】：超现实主义是一种挑战现实的艺术形式，通过将不同的元素和概念融合在一起，创造出离奇而具有深刻意义的作品。相比于选择"智能推荐"画面类型生成的图像，选择"超现实主义"画面类型生成的图像变得更加光怪陆离，具有不合常规的特点，为观者提供了一种全新的、引人入胜的艺术体验，效果对比如图 4-25 所示。

图 4-25 选择"智能推荐"画面类型（左）和选择"超现实主义"画面类型（右）的图片效果对比

**STEP 01** 进入"AI 创作"页面，输入相应的提示词，设置相应的图像比例和出图数量，单击"立即生成"按钮。选择"智能推荐"画面类型生成的图像效果如图 4-26 所示。这是通过绘画指令来直接生成超现实主义风格的图像，画面犹如梦境一般，但还是具有一定的真实感。

53

图 4-26 选择"智能推荐"画面类型生成的图像效果

**STEP 02** 展开"画面类型"选项区，选择"超现实主义"选项，单击"立即生成"按钮，生成的图像效果如图 4-27 所示。

图 4-27 选择"超现实主义"画面类型生成的图像效果

## 4.1.12 选择"唯美二次元"画面类型绘画

【效果对比】：二次元是一种以日本动漫和游戏为基调，追求精致、唯美、梦幻画风的艺术形式。它通常以虚构的角色、场景和故事情节为载体，通过丰富的想象力和创作技巧来展现一种充满梦想和幻想的虚拟世界。相比于选择"智能推荐"画面类型生成的图像，二次元绘画作品中的角色形象优美，色彩柔和、梦幻，场景描绘富有情感和故事性，能够给人们带来一种独特的视觉享受和情感体验，效果对比如图 4-28 所示。

图 4-28 选择"智能推荐"画面类型（左）和选择"唯美二次元"画面类型（右）生成的图片效果对比

**STEP 01** 进入"AI 创作"页面，输入相应的提示词，设置相应的图像比例和出图数量，单击"立即生成"按钮。选择"智能推荐"画面类型生成的图像效果如图 4-29 所示。这是通过绘画指令来直接生成二次元风格的图像，人物形象比较可爱。

图 4-29 选择"智能推荐"画面类型生成的图像效果

**STEP 02** 在"画面类型"选项区中，选择"唯美二次元"选项，单击"立即生成"按钮，生成的图像效果如图 4-30 所示。可以看出，由于用到了"二次元"这个提示词，因此两次生成的图像风格差异并不明显。

**STEP 03** 我们可以将提示词中的"二次元"去掉，再次对比选择"智能推荐"和"唯美二次元"画面类型生成的图像效果，此时画面风格的差异就非常大，如图 4-28 所示。

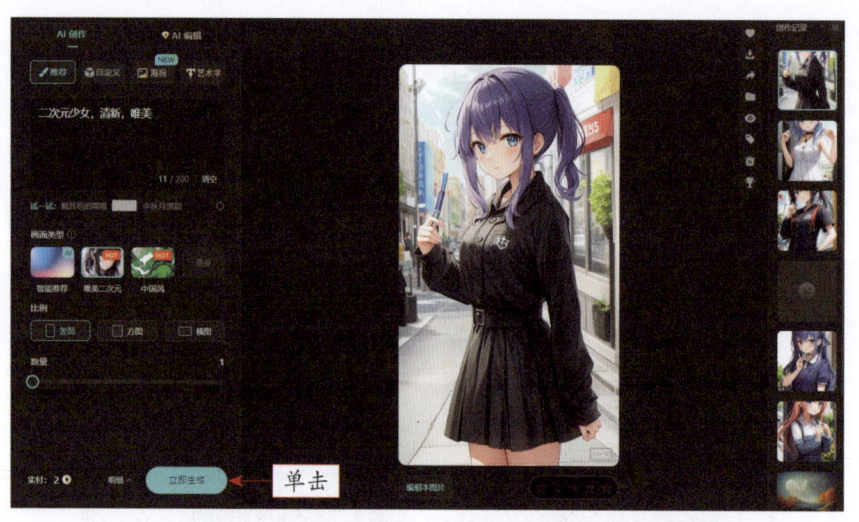

图 4-30 选择"唯美二次元"画面类型生成的图像效果

## 4.2 设置文心一格的绘画参数

文心一格支持用户设置图片的比例、数量，还可以开启"灵感模式"，让用户获得更多不同形态、风格，有审美价值的图片。本节将介绍如何设置文心一格的绘画参数，帮助大家更加熟悉文心一格的用法。

### 4.2.1 设置绘画的图像比例

【效果展示】：文心一格支持竖图（分辨率为 720 px×1280 px）、方图（分辨率为 1024 px×1024 px）和横图（分辨率为 1280 px×720 px）。在同一个绘画指令下，文心一格生成的图片在细节、清晰度上有所差别，横图效果如图 4-31 所示。

图 4-31 横图效果

**STEP 01** 进入"AI创作"页面,输入相应的提示词,设置"比例"为"方图"、"数量"为1,单击"立即生成"按钮,即可生成正方形画幅的图像。画面的宽度和高度相等,在视觉上呈现出一种平衡、稳定的感觉,效果如图4-32所示。

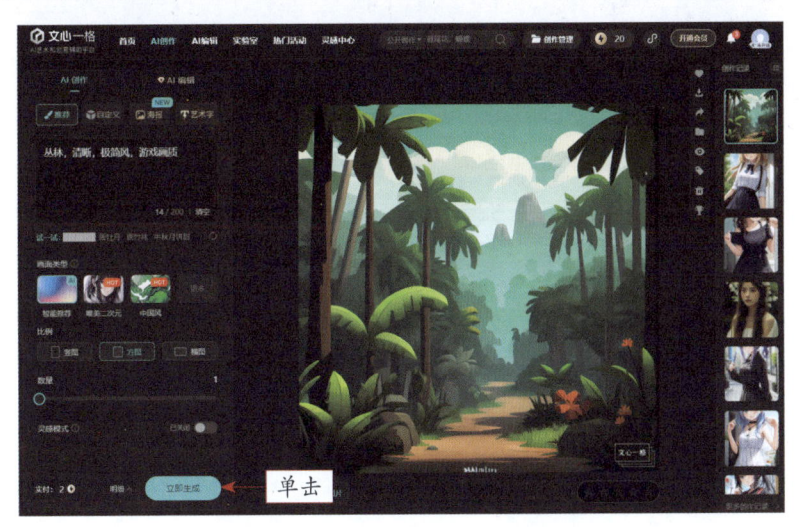

图4-32 生成正方形画幅的图像效果

**STEP 02** 设置"比例"为"竖图",其他参数保持不变,单击"立即生成"按钮,即可生成竖画幅的图像。竖画幅的图像能够保持足够的垂直空间,使得画面上下部分的内容更突出,效果如图4-33所示。

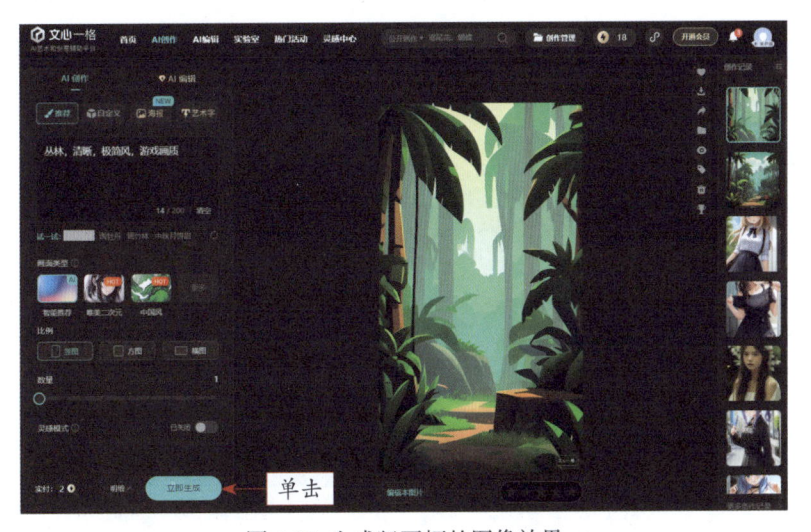

图4-33 生成竖画幅的图像效果

**STEP 03** 设置"比例"为"横图",其他参数保持不变,单击"立即生成"按钮,即可生成横画幅的图像。横画幅的图像能够保持足够的水平空间,使得画面内容更加广阔、流畅,效果如图4-34所示。

**STEP 04** 通过对比可以看出,在该绘画指令下生成的图像,横图的表现效果佳,图像清晰、细腻,效果如图4-31所示。因此,在选择图像比例时,我们需要根据具体的提示词和画面场景来决定。

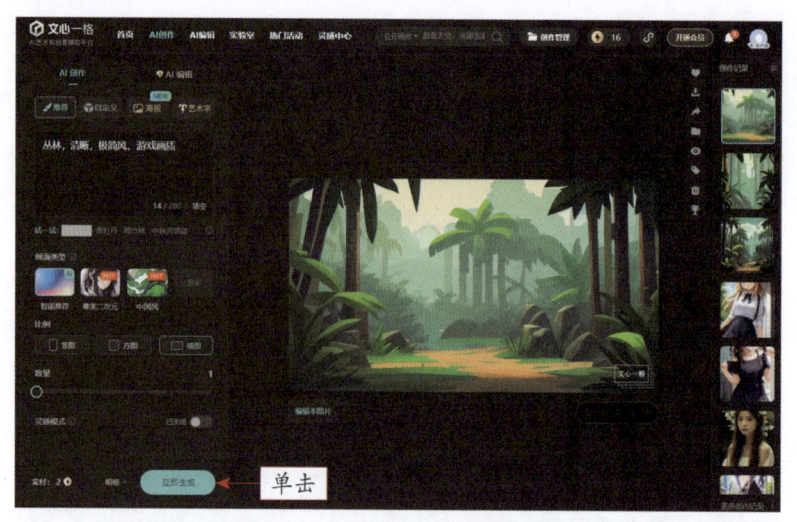

图 4-34 生成横画幅的图像效果

## 4.2.2 设置绘画的出图数量

【效果展示】：在文心一格中进行 AI 绘画时，用户可以设置出图数量，最多能够同时生成 9 张图片。注意，本书为了教学需要，通常会设置出图数量为 1。下面以同时绘制两张同一风格的图片为例，来介绍具体的操作方法，效果如图 4-35 所示。

图 4-35 绘制两张同一风格的图片效果

STEP 01 进入"AI 创作"页面，输入相应的绘画指令，设置"画面类型"为"明亮插画"、"比例"为"竖图"、"数量"为 2，如图 4-36 所示。

图 4-36 设置相应参数

**STEP 02** 单击"立即生成"按钮,即可同时生成两幅明亮插画风格的竖图,效果如图 4-35 所示。

## 4.2.3 开启绘画的"灵感模式"

【效果展示】:开启文心一格的"灵感模式"功能后,可以让 AI 根据自己的灵感对绘画指令进行改写,有效地提升画作风格的多样性。一次创作多张图片时使用该功能的效果会更好,如图 4-37 所示。

图 4-37 开启"灵感模式"功能后的图片效果

**STEP 01** 进入"AI 创作"页面,输入相应的提示词,设置"比例"为"横图"、"数量"为 1,单击"立即生成"按钮,即可生成一张风景横图,如图 4-38 所示。

**STEP 02** 在页面下方开启"灵感模式"功能,其他参数保持不变,单击"立即生成"按钮,文心一格会增加创作灵感,再次生成一张风景横图,如图 4-39 所示。

图 4-38 生成一张风景横图

图 4-39 再次生成一张风景横图

STEP 03 保持"灵感模式"功能的开启状态,单击"立即生成"按钮,即可生成不同的风景横图,画面的表现力更强,呈现出更丰富的质感和美感,效果如图 4-37 所示。

# 第 5 章
## 文心一格的高级绘画技巧

　　文心一格作为一款基于深度学习技术开发的AI绘画工具，以其强大的生成能力和精准的控制手段受到了广泛的关注。本章将介绍 AI 高级绘画技巧，帮助大家更好地掌握文心一格的"自定义"AI 创作功能，精准控制图像内容，打造出独具特色的精美画作。

# 5.1 运用文心一格生成创意画作

文心一格的"自定义"功能,支持用户输入创意的绘画指令,且提供不同的 AI 画师、画面尺寸、画面风格、修饰词、艺术家等选择,为用户生成高质量、具有创意和艺术性的绘画作品。本节将介绍运用文心一格的"自定义"功能生成创意画作的操作方法。

## 5.1.1 选择"创艺"AI 画师创作画作

【效果展示】:"创艺"AI 画师融合了艺术创意和人工智能技术,使得生成的画作不仅具有极高的逼真度和细腻度,还散发出独特的艺术气息,效果如图 5-1 所示。

图 5-1 图片效果

STEP 01 在"AI 创作"页面选择"自定义"选项卡,输入相应的绘画指令,设置"选择 AI 画师"为"创艺"、"数量"为 2,单击"立即生成"按钮,如图 5-2 所示。

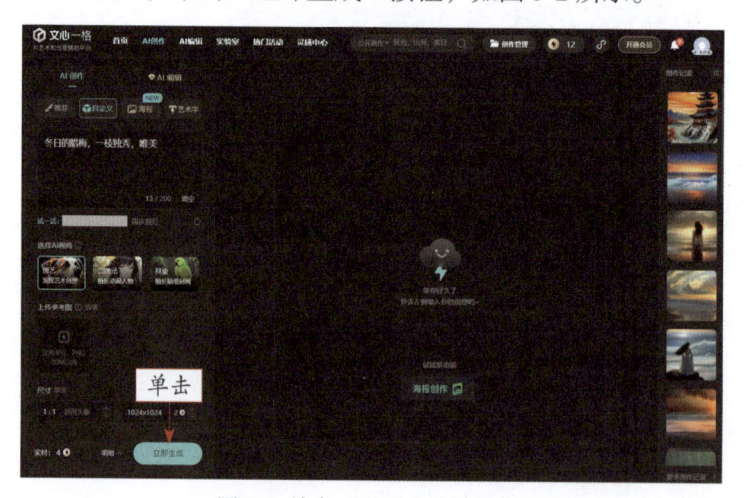

图 5-2 单击"立即生成"按钮

**STEP 02** 执行操作后，即可生成相应的图像效果，使用"创艺"AI 画师能够提高图像的艺术性和审美价值，效果如图 5-1 所示。

## 5.1.2 选择"二次元"AI 画师绘制漫画

【效果对比】：使用"二次元"AI 画师功能可以创作出具有独特艺术风格和视觉冲击力的作品，将人们带入一个充满想象力和创造力的二次元世界。选择"创艺"AI 画师与选择"二次元"AI 画师生成的画作效果对比如图 5-3 所示。

图 5-3 选择"创艺"AI 画师与选择"二次元"AI 画师生成的画作效果对比

**STEP 01** 在"AI 创作"页面选择"自定义"选项卡，输入相应的绘画指令，选择"创艺"AI 画师，并设置相应的画面尺寸和出图数量，单击"立即生成"按钮，生成的图像效果如图 5-4 所示。

图 5-4 选择"创艺"AI 画师生成的图像效果

STEP 02 选择"二次元"AI画师，其他参数保持不变，单击"立即生成"按钮，生成的图像效果如图5-5所示。

图 5-5 选择"二次元"AI画师生成的图像效果

STEP 03 通过对比可以看到，在绘画指令相同的情况下，选择"二次元"AI画师生成的图片，具有更浓郁的漫画气息和更丰富的细节。

## 5.1.3 选择"具象"AI画师刻画图片

【效果对比】："具象"AI画师擅长精细刻画各种元素，注重对客观物象的还原和再现，通过细腻的笔触和丰富的色彩，将现实世界中的事物和人物栩栩如生地呈现在画布上。选择"创艺"AI画师与选择"具象"AI画师生成的画作效果对比，如图5-6所示。

图 5-6 选择"创艺"AI画师与选择"具象"AI画师生成的画作效果对比

STEP 01 在"AI创作"页面选择"自定义"选项卡，输入相应的绘画指令，选择"创艺"AI画师，并设置相应的画面尺寸和出图数量，单击"立即生成"按钮，生成的图像效果如图5-7所示。

图 5-7 选择"创艺"AI 画师生成的图像效果

**STEP 02** 选择"具象"AI 画师,其他参数保持不变,单击"立即生成"按钮,图像效果如图 5-8 所示。

图 5-8 选择"具象"AI 画师生成的图像效果

**STEP 03** 通过对比可以发现,由于在绘画指令中加入了一些关键词对 AI 进行引导,因此选择"创艺"AI 画师也能够生成不错的写实效果;而选择"具象"AI 画师则在描绘物象方面具有更高的逼真度,使图像看上去更精致。

## 5.1.4 上传参考图生成创意图像

【**效果展示**】:使用文心一格的"上传参考图"功能,用户可以上传任意一张图片,通过文字描述想修改的地方,实现类似的图片效果,且可以通过设置"影响比重"参数,来获得不同的图片。选择不同"影响比重"参数的图片效果如图 5-9 所示。

"影响比重"参数为 1

"影响比重"参数为 8

图 5-9 选择不同"影响比重"参数的图片效果

**STEP 01** 在"AI 创作"页面选择"自定义"选项卡,输入相应的绘画指令,选择"创艺"AI 画师,并设置相应的画面尺寸和出图数量,单击"立即生成"按钮,如图 5-10 所示。生成的图像具有很强的微距摄影感。

图 5-10 生成相应的图像效果

**STEP 02** 单击"上传参考图"下方的 ■ 按钮,弹出"打开"对话框,选择相应的参考图,如图 5-11 所示。

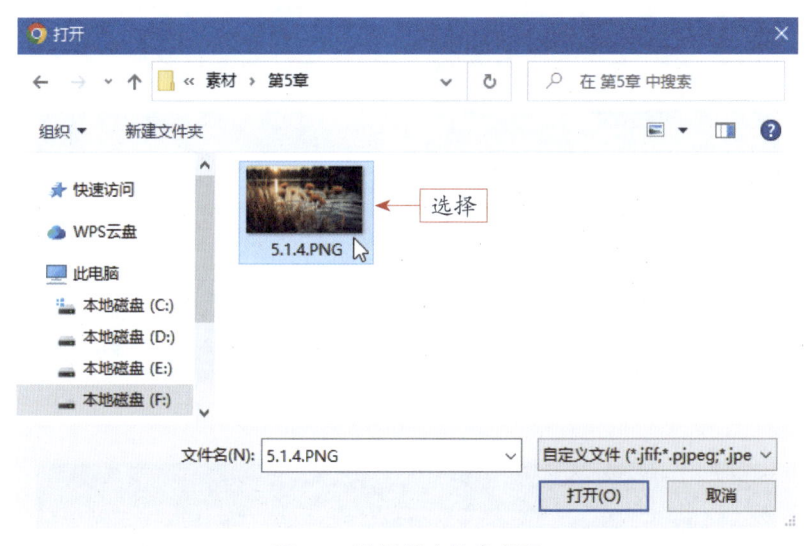

图 5-11 选择相应的参考图

**STEP 03** 单击"打开"按钮上传参考图,单击"立即生成"按钮,生成相应的图像。此时,画面与参考图不太像,而是更倾向于绘画指令的描述,这是因为参考图的"影响比重"参数太低,无法很好地引导 AI,如图 5-12 所示。

**STEP 04** 设置"影响比重"参数为 5,单击"立即生成"按钮,生成相应的图像。此时,画面比较接近参考图了,如图 5-13 所示。

**STEP 05** 设置"影响比重"参数为 8,单击"立即生成"按钮,生成相应的图像。可以看到画面与参考图如出一辙,如图 5-14 所示。

**STEP 06** 通过对比可以看出,"影响比重"参数数值越大,参考图对 AI 的影响就越大,因此用户可以根据实际需要来调整"影响比重"参数。

图 5-12 直接上传参考图生成相应的图像效果

图 5-13 设置"影响比重"参数后生成相应的图像效果

图 5-14 增加"影响比重"参数后生成相应的图像效果

## 5.1.5 设置图像的出图尺寸和分辨率

【**效果对比**】：在文心一格的"自定义"AI 创作模式下，用户不仅可以选择不同的图片尺寸，而且还可以设置图片分辨率。在相同的尺寸下，分辨率越大的图像越清晰，细节越丰富，效果对比如图 5-15 所示。

图 5-15 不同分辨率的图像效果对比

STEP 01 在"AI 创作"页面选择"自定义"选项卡，输入相应的绘画指令，选择"二次元"AI 画师，设置"尺寸"为 4:3、"数量"为 1，单击"立即生成"按钮，即可生成分辨率为 1024 px × 768 px 的图像，效果如图 5-16 所示。

图 5-16 生成分辨率为 1024 px × 768 px 的图像

**STEP 02** 将"分辨率"设置为 2048 px × 1536 px，其他参数保持不变，单击"立即生成"按钮，如图 5-17 所示。

图 5-17 生成分辨率为 2048 px × 1536 px 的图像

注意，生成高清分辨率的图像需要消耗更多的"电量"，生成默认分辨率每次消耗 2 点"电量"，生成高清分辨率则每次消耗 6 点"电量"。

## 5.1.6 设置自定义图像的画面风格

【效果展示】：在文心一格的"自定义"AI 创作模式下，除了可以选择 AI 画师，还可以输入自定义的画面风格绘画指令，从而生成各种风格的画作，效果如图 5-18 所示。

第 5 章 文心一格的高级绘画技巧

图 5-18 选择"二次元"AI 画师（左）和添加标签（右）生成的图像效果

STEP 01 在"AI 创作"页面选择"自定义"选项卡，输入相应的绘画指令，选择"二次元"AI 画师，设置"尺寸"为 9:16、"数量"为 1，单击"立即生成"按钮，如图 5-19 所示。

图 5-19 生成二次元风格的竖图

STEP 02 单击"画面风格"下方的输入框，在弹出的面板中单击"CG 原画"标签，如图 5-20 所示，即可将该标签添加到输入框中。

71

**STEP 03** 使用相同的操作方法，添加一个"Q 版古风"标签，如图 5-21 所示。

图 5-20 单击"CG 原画"标签　　　　图 5-21 添加"Q 版古风"标签

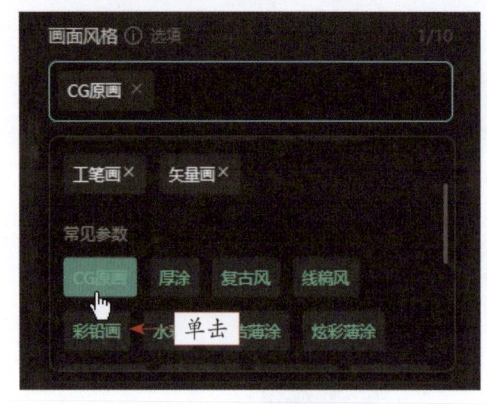

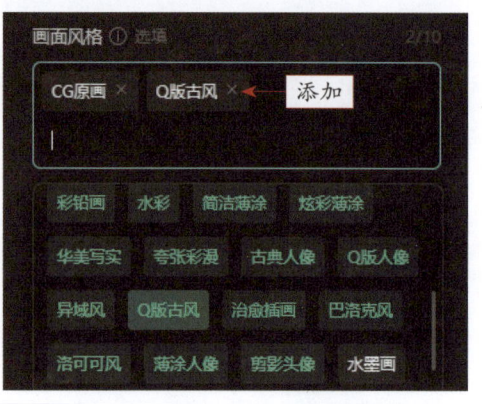

**STEP 04** 单击"立即生成"按钮，即可生成"CG 原画""Q 版古风"画面风格的二次元图像，效果如图 5-18 所示。

## 5.1.7 添加修饰词提升画面质量

【效果展示】：使用修饰词可以提升文心一格的出图质量，而且修饰词还可以叠加使用，效果如图 5-22 所示。

图 5-22 生成相应的产品图片

**STEP 01** 在"AI 创作"页面选择"自定义"选项卡，输入相应的绘画指令，选择"创艺"AI 画师，如图 5-23 所示。

**STEP 02** 在下方继续设置"尺寸"为 3∶2、"数量"为 1、"画面风格"为"哑光画"，如图 5-24

所示,增加画面的质感。

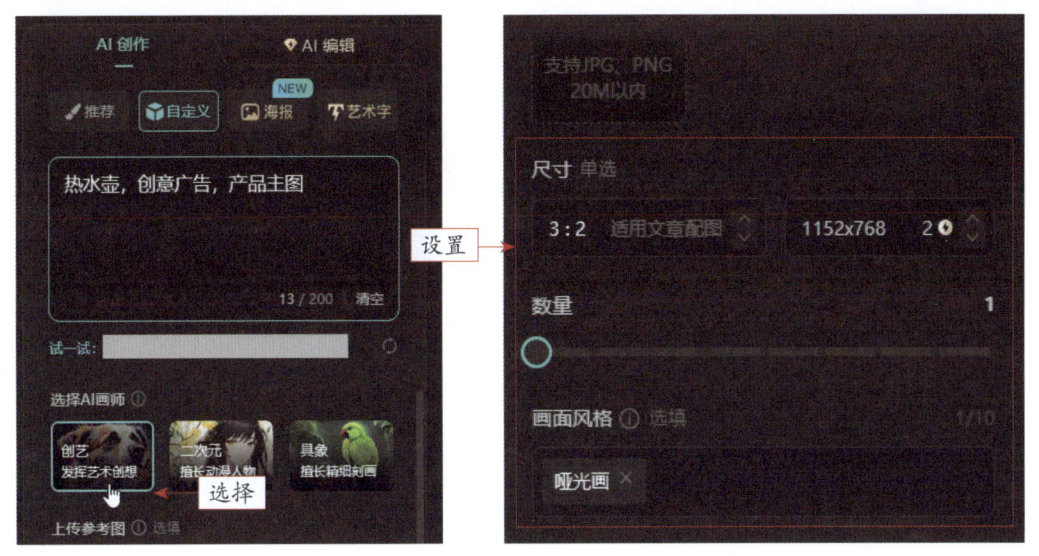

图 5-23 选择"创艺"AI 画师　　　　图 5-24 设置相应参数

**STEP 03** 单击"修饰词"下方的输入框,在弹出的面板中单击"摄影风格"标签,如图 5-25 所示,即可将该修饰词添加到输入框中,可以让图像风格更写实。

**STEP 04** 使用相同的操作方法,添加一个"写实"修饰词,如图 5-26 所示。

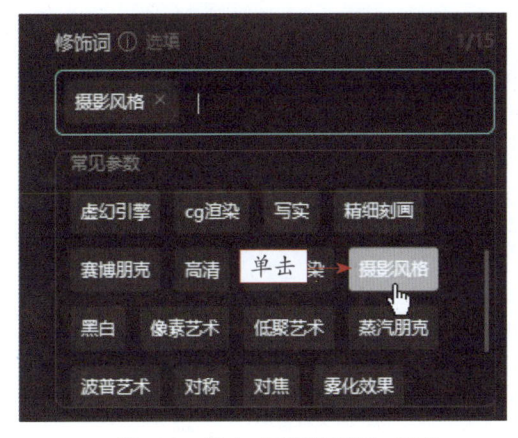

图 5-25 单击"摄影风格"标签　　　　图 5-26 添加"写实"修饰词

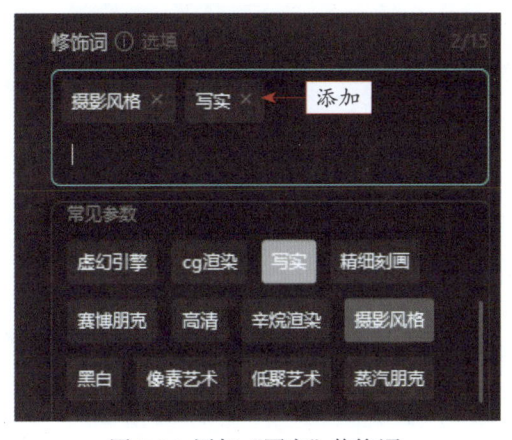

**STEP 05** 单击"立即生成"按钮,即可生成高品质且具有摄影感的产品图片,效果如图 5-22 所示。

## 5.1.8 选择合适的"艺术家"生成图像

【效果展示】:在文心一格的"自定义"AI 创作模式下,用户可以添加合适的"艺术家"效果提示词,来模拟特定的艺术家绘画风格生成相应的图像,效果如图 5-27 所示。

图 5-27 生成相应艺术家风格的图片

**STEP 01** 在"AI 创作"页面选择"自定义"选项卡,输入相应的绘画指令,并选择"创艺"AI 画师,如图 5-28 所示。

**STEP 02** 在下方继续设置"尺寸"为 16:9、"数量"为 1,如图 5-29 所示,指定生成图像的尺寸和出图数量。

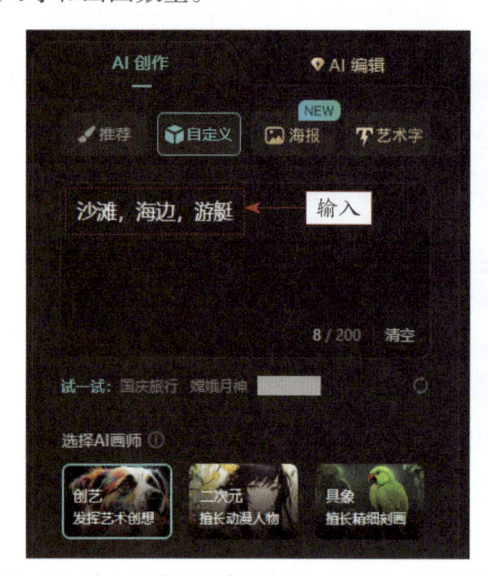

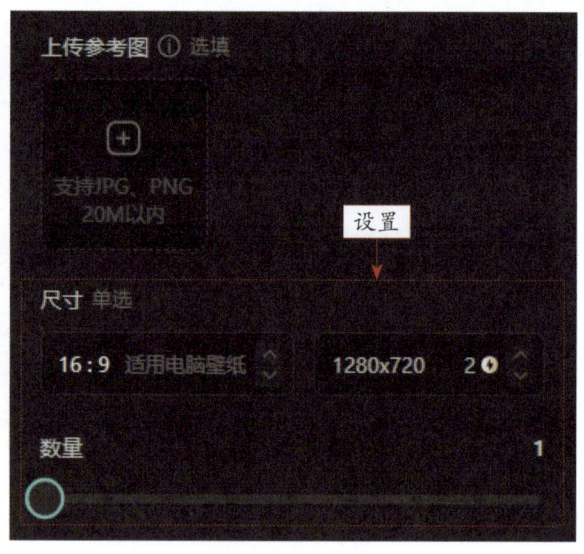

图 5-28 输入相应的指令及选择"创艺"AI 画师　　　　图 5-29 设置相应参数

**STEP 03** 单击"修饰词"下方的输入框,在弹出的面板中分别单击"摄影风格""写实""高清"标签,即可将这些修饰词添加到输入框中,如图 5-30 所示,可以让画面更真实。

**STEP 04** 在"艺术家"下方的输入框中输入相应的艺术家名称,如图 5-31 所示。

**STEP 05** 单击"立即生成"按钮,即可生成相应艺术家风格的海边风景图片,效果如图 5-27 所示。

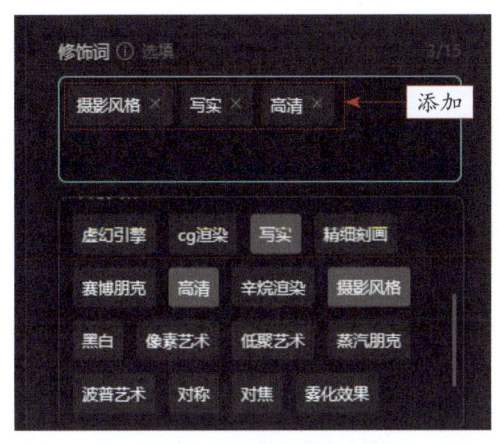

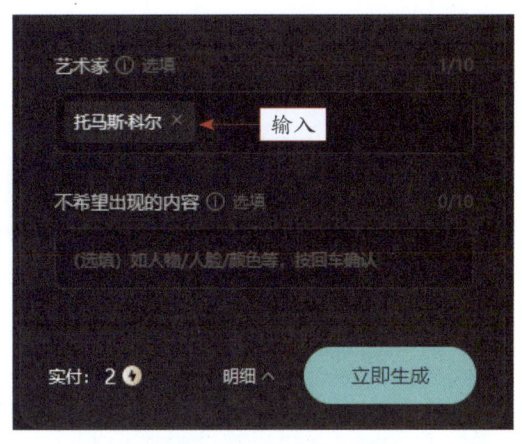

图 5-30 添加相应的修饰词　　　图 5-31 输入相应的艺术家名称

## 5.1.9 设置"不希望出现的内容"生成图像

【**效果展示**】：在文心一格的"自定义"AI 创作模式下，用户可以设置"不希望出现的内容"选项，从而在一定程度上减少该内容出现的概率，效果如图 5-32 所示。

图 5-32 设置"不希望出现的内容"选项生成的图片

**STEP 01** 在"AI 创作"页面选择"自定义"选项卡，输入相应的绘画指令，如图 5-33 所示。

**STEP 02** 选择"创艺"AI 画师，在其下方设置"尺寸"为 3:2、"数量"为 1、"画面风格"为"工笔画"，如图 5-34 所示。

**STEP 03** 单击"修饰词"下方的输入框，在弹出的面板中单击"微距""精致"标签，即可将这两个修饰词添加到输入框中，如图 5-35 所示。生成的图像形成微距摄影的效果，并且画面细节非常丰富。

STEP 04 在"不希望出现的内容"下方的输入框中输入"人物",如图 5-36 所示,降低人物在画面中出现的概率。

STEP 05 单击"立即生成"按钮,即可生成微距摄影的图像,效果如图 5-32 所示。

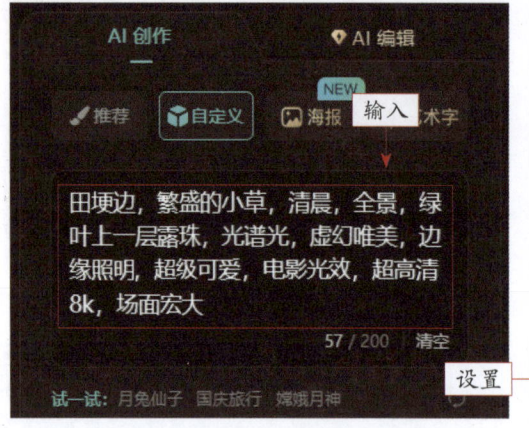

图 5-33 输入相应的绘画指令

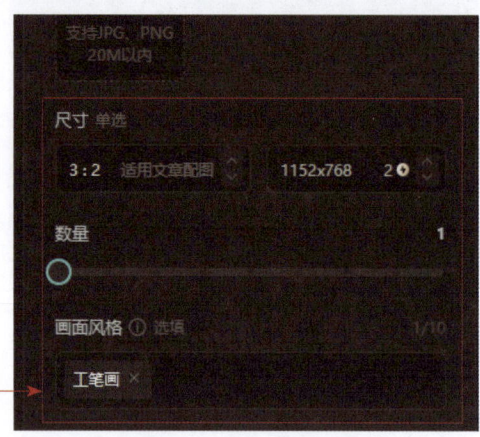

图 5-34 设置相应参数

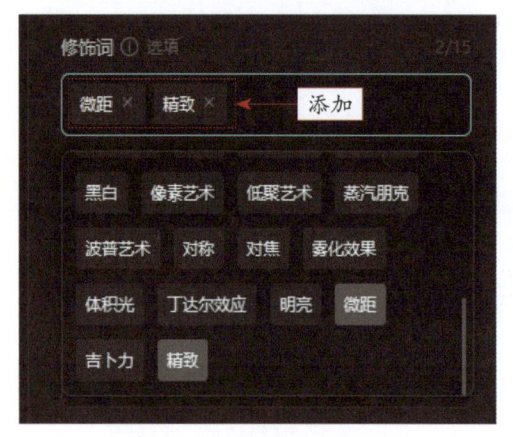

图 5-35 添加相应的修饰词

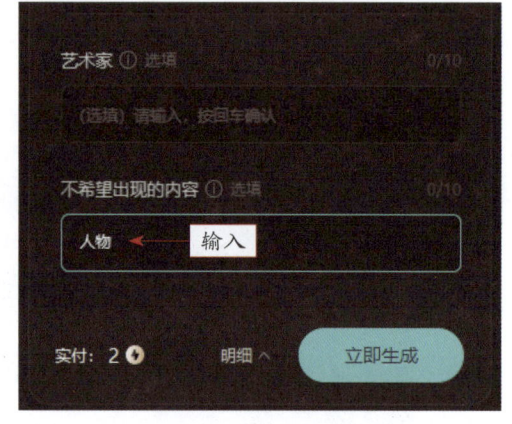

图 5-36 输入"人物"

## 5.2 运用文心一格绘制高级画作

在文心一格的"自定义"选项卡中,用户可以通过选择不同的画面风格来获得更高级和更有艺术感的画作,如素描风格、工笔画风格、油画风格等。本节将介绍运用文心一格绘制高级画作的操作方法。

### 5.2.1 生成黑白素描风格的建筑画

【效果展示】:在文心一格的"自定义"AI 创作模式下,用户可以将"画面风格"设置为"素描画",创作出多种多样的素描作品,效果如图 5-37 所示。

图 5-37 生成黑白素描风格的建筑画

**STEP 01** 在"AI 创作"页面选择"自定义"选项卡,输入相应的绘画指令,如图 5-38 所示。

**STEP 02** 选择"创艺"AI 画师,在其下方设置"尺寸"为 4:3、"数量"为 1,如图 5-39 所示,指定生成图像的尺寸和出图数量。

图 5-38 输入相应的绘画指令　　　　图 5-39 设置相应的参数

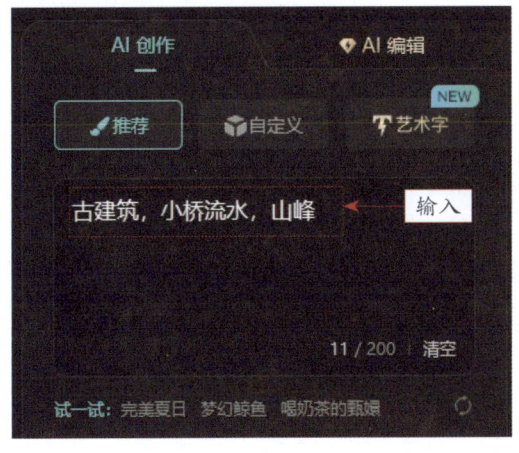

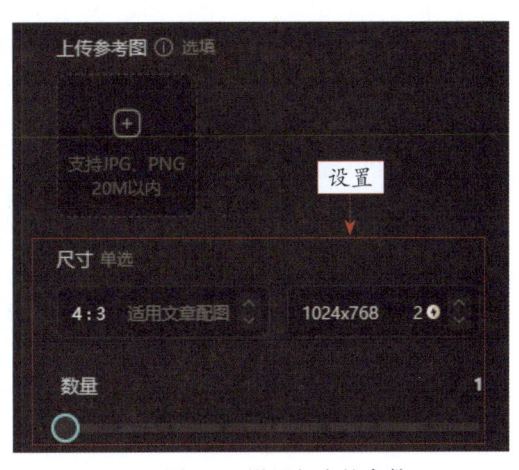

**STEP 03** 单击"画面风格"下方的输入框,在弹出的面板中单击"素描画"标签,即可将该提示词添加到输入框中,如图 5-40 所示,用于指定生成图像的绘画风格。

**STEP 04** 单击"修饰词"下方的输入框,在弹出的面板中单击"黑白"标签,即可将该修饰词添加到输入框中,如图 5-41 所示。生成的图像的色调变成黑白色调,简约、干净、优雅。

STEP 05 单击"立即生成"按钮，即可生成素描画，以单色线条来表现现实世界中的事物。由于其色调单一，因此更加注重以形写神，效果如图5-37所示。

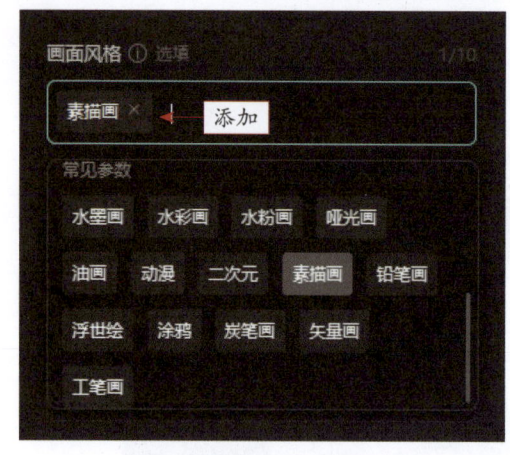

图5-40 添加画面风格提示词

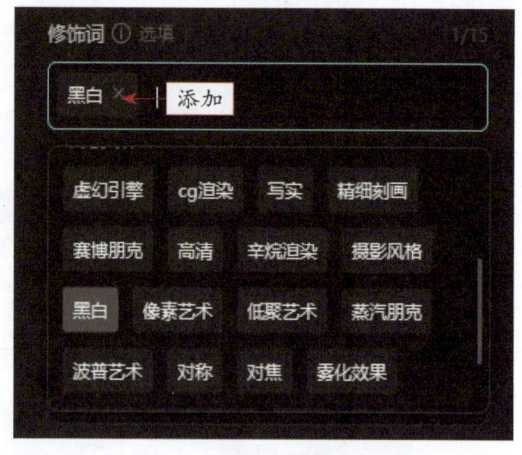

图5-41 添加相应的修饰词

## 5.2.2 生成写意工笔风格的花鸟画

【效果展示】：在文心一格的"自定义"AI创作模式下，用户可以将"画面风格"设置为"工笔画"，使得作品在视觉上更具冲击力和艺术感染力，效果如图5-42所示。

图5-42 生成写意工笔风格的花鸟画

STEP 01 在"AI创作"页面选择"自定义"选项卡，输入相应的绘画指令，如图5-43所示。

STEP 02 选择"创艺"AI画师，在其下方设置"尺寸"为1:1、"数量"为2，如图5-44所示，指定生成图像的尺寸和出图数量。

STEP 03 单击"画面风格"下方的输入框,在弹出的面板中单击"工笔画"标签,即可将该提示词添加到输入框中,如图5-45所示,用于指定生成图像的绘画风格。

STEP 04 在"艺术家"下方的输入框中输入相应的艺术家名称,如"黄筌"(黄筌是中国五代时期的一位画家,擅长花鸟画),如图5-46所示。

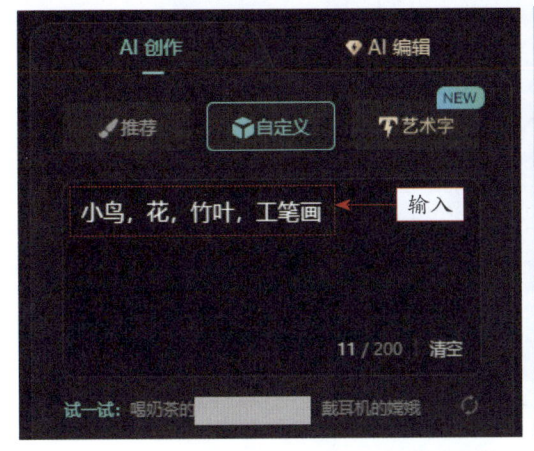

图 5-43 输入相应的绘画指令　　图 5-44 设置相应的参数

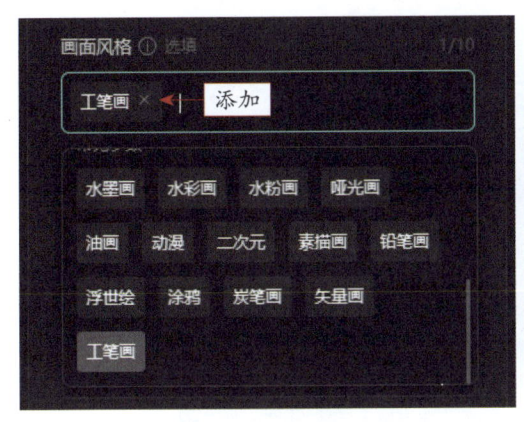

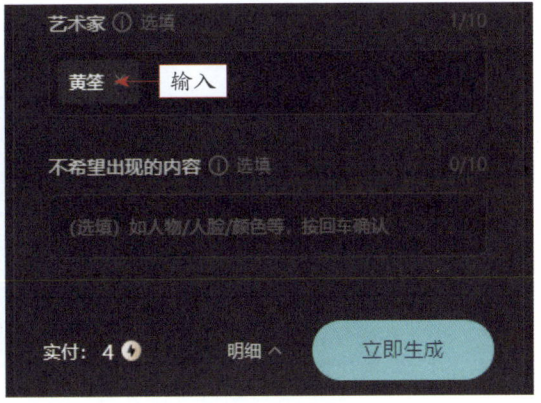

图 5-45 添加画面风格提示词　　图 5-46 输入相应的艺术家名称

STEP 05 单击"立即生成"按钮,即可生成花鸟工笔画,画面写意传神、精致动人,效果如图5-42所示。

## 5.2.3 生成莫奈油画风格的风景画

【效果展示】:在文心一格的"自定义"AI创作模式下,用户可以将"画面风格"设置为"油画",使作品能够逼真地表现出物体的质感和光影效果,如图5-47所示。

STEP 01 在"AI创作"页面选择"自定义"选项卡,输入相应的绘画指令,如图5-48所示。

STEP 02 选择"创艺"AI画师,在其下方设置"尺寸"为4:3、"数量"为2,如图5-49所示,指定生成图像的尺寸和出图数量。

图 5-47 生成莫奈油画风格的效果

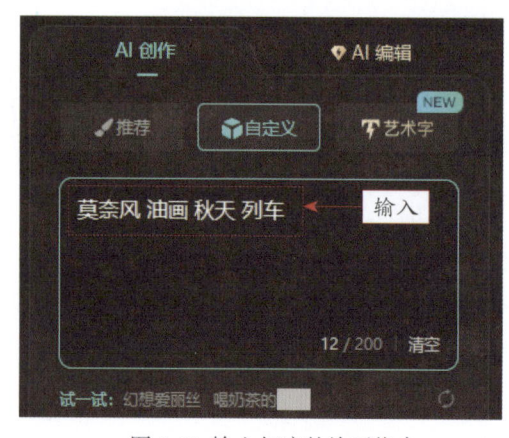

图 5-48 输入相应的绘画指令　　　　图 5-49 设置相应参数

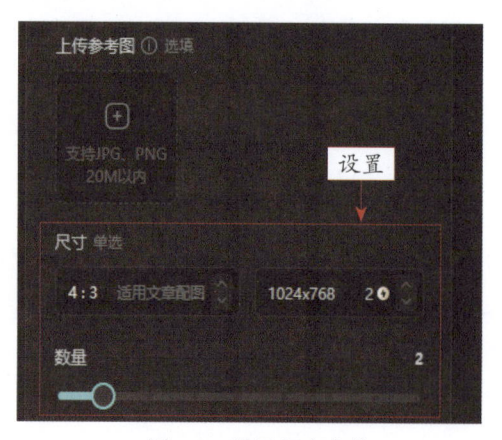

**STEP 03** 单击"画面风格"下方的输入框,在弹出的面板中单击"油画"标签,即可将该提示词添加到输入框中,如图 5-50 所示。

**STEP 04** 在"艺术家"下方的输入框中输入相应的艺术家名称,如"莫奈"(莫奈是法国印象派大师,他的作品充满了光与色的诗意,创造了一个个令人陶醉的色彩世界),如图 5-51 所示。

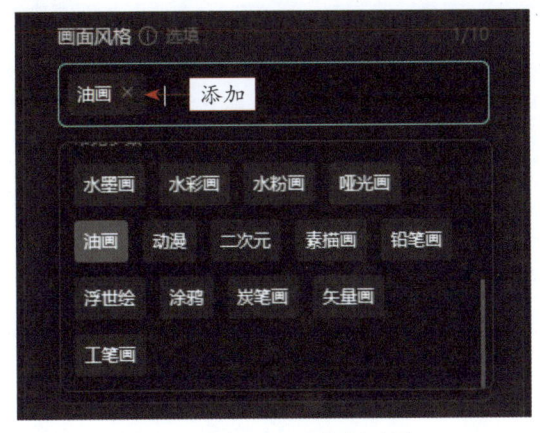

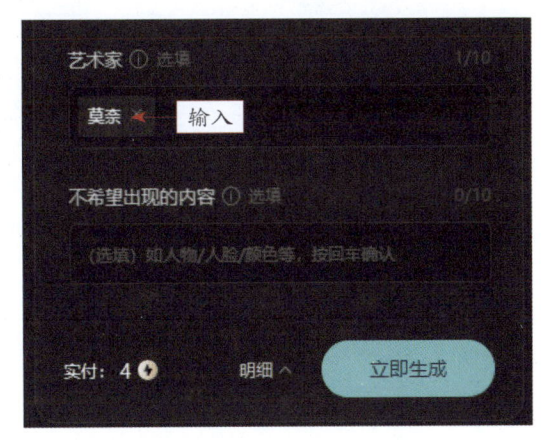

图 5-50 添加画面风格提示词　　　　　　图 5-51 输入相应的艺术家名称

**STEP 05** 单击"立即生成"按钮,即可生成两张油画,画面色彩具有丰富的表现力和明亮的光泽度,让每一幅作品都成为光与色的诗篇,效果如图 5-47 所示。

▶ 专家指点

注意,在文心一格中输入绘画指令时,绘画指令的中间尽量用空格或逗号隔开。

另外,本章中提到的"CG 原画"(Computer Graphics,计算机图形学)是一种接近传统绘画画风的艺术形式,其画面效果和绘画手法类似传统的绘画作品。其发展出了多种风格,包括欧美写实风格、粗线条卡通风格、唯美日漫风格及具有古典韵味的中国画风格。在游戏原画设计中,"CG 原画"的风格通常较为独特,具有鲜明的个性。

"Q 版古风"的绘画风格通常较为简单,线条简洁明了,色彩也较为单一。这种简化的画面风格有助于突出人物形象,使观者更容易理解故事情节。"Q 版古风"的人物形象通常比较夸张,如头身比例、面部特征、身体语言等进行了夸张的处理,以突出人物的特点或者情感。

# 第 6 章
# Midjourney 的基本绘画操作

  Midjourney 是一个通过人工智能技术进行绘画创作的工具，用户可以在其中输入文字、图片等提示内容，让 AI 机器人自动创作出符合要求的图片。本章主要介绍 Midjourney 的基础操作和绘画技巧，帮助大家熟练掌握 AI 绘画。

# 6.1 学习 Midjourney 的基础操作

使用 Midjourney 绘画的关键在于输入的指令。如果用户想要生成高质量的图像，需要大量地训练 AI 模型和深入了解艺术设计的相关知识。本节将介绍 4 种 Midjourney 的基础操作，帮助大家快速了解 Midjourney。

## 6.1.1 了解 Midjourney 的指令

在使用 Midjourney 进行 AI 绘画时，用户可以使用各种指令与 Discord 平台上的 Midjourney Bot（机器人）进行交互，从而告诉它你想要获得一张什么样的图片。Midjourney 的指令主要用于创建图像、更改默认设置，以及执行其他有用的任务。

表 6-1 所示为 Midjourney 中的常用 AI 绘画指令。

表 6-1  Midjourney 中的常用 AI 绘画指令

| 指　　令 | 描　　述 |
| --- | --- |
| /ask（问） | 得到一个问题的答案 |
| /blend（混合） | 轻松地将两张图片混合在一起 |
| /daily_theme（每日主题） | 切换 #daily-theme 频道更新的通知 |
| /docs（文档） | 在 Midjourney Discord 官方服务器中使用可快速生成指向本用户指南中涵盖的主题链接 |
| /describe（描述） | 根据用户上传的图像编写 4 个示例提示词 |
| /faq（常见问题） | 在 Midjourney Discord 官方服务器中使用，将快速生成一个链接，指向热门 Prompt 技巧频道的常见问题解答 |
| /fast（快速） | 切换到快速模式 |
| /help（帮助） | 显示 Midjourney Bot 有关的基本信息和操作提示 |
| /imagine（想象） | 使用关键词或提示词生成图像 |
| /info（信息） | 查看有关用户的账号，以及任何排队（或正在运行）的作业信息 |
| /stealth（隐身） | 专业计划订阅用户可以通过该指令切换到隐身模式 |
| /public（公共） | 专业计划订阅用户可以通过该指令切换到公共模式 |
| /subscribe（订阅） | 为用户的账号页面生成个人链接 |
| /settings（设置） | 查看和调整 Midjourney Bot 的设置 |
| /prefer option（偏好选项） | 创建或管理自定义选项 |
| /prefer option list（偏好选项列表） | 查看用户当前的自定义选项 |
| /prefer suffix（喜欢后缀） | 指定要添加到每个提示词末尾的后缀 |
| /show（展示） | 使用图像作业 ID（Identity Document，账号）在 Discord 中重新生成作业 |
| /relax（放松） | 切换到放松模式 |
| /remix（混音） | 切换到混音模式 |

## 6.1.2 输入文字指令生成图片

【效果展示】：Midjourney 主要使用"imagine"指令和关键词等文字内容来完成 AI 绘画操作，用户应尽量输入英文关键词。注意，AI 模型对于英文单词的首字母大小写格式没有要求，但要注意每个关键词中间要添加一个逗号（英文字体格式）或空格。在 Midjourney 中输入文字指令生成图片的效果如图 6-1 所示。

图 6-1 在 Midjourney 中输入文字指令生成图片的效果

**STEP 01** 在 Midjourney 下面的输入框内输入"/"（正斜杠符号），在弹出的列表框中选择"imagine"指令，如图 6-2 所示。

图 6-2 选择"imagine"指令

**STEP 02** 在"imagine"指令后方的"prompt"（提示）输入框中输入相应的关键词，如图 6-3 所示。

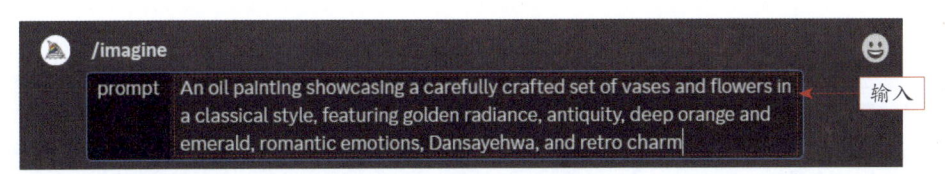

第 6 章 Midjourney 的基本绘画操作

图 6-3 输入相应的关键词

**STEP 03** 按【Enter】键确认，即可看到 Midjourney Bot 已经开始工作了，稍等片刻，Midjourney 将生成 4 张对应的图片，如图 6-4 所示。

**STEP 04** 单击"V2"按钮，如图 6-5 所示。"V"按钮的功能是以所选的图片样式为模板重新生成 4 张图片。

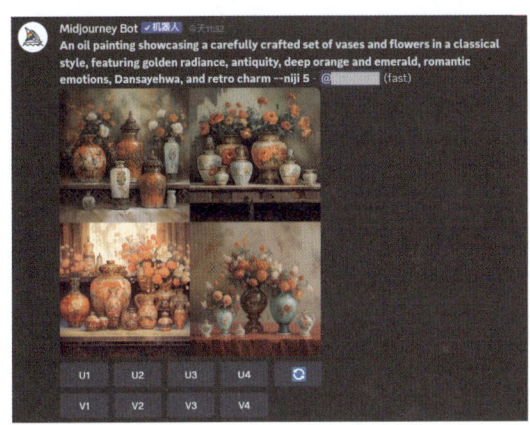

图 6-4 生成 4 张对应的图片　　　　图 6-5 单击"V2"按钮

**STEP 05** 执行操作后，Midjourney 将以第 2 张图片为模板，重新生成 4 张图片，如图 6-6 所示。

**STEP 06** 如果用户对于重新生成的图片都不满意，可以单击"重做" 按钮，如图 6-7 所示。此时，Midjourney 系统可能会弹出申请对话框，单击"提交"按钮即可。

图 6-6 重新生成 4 张图片　　　　图 6-7 单击"重做"按钮

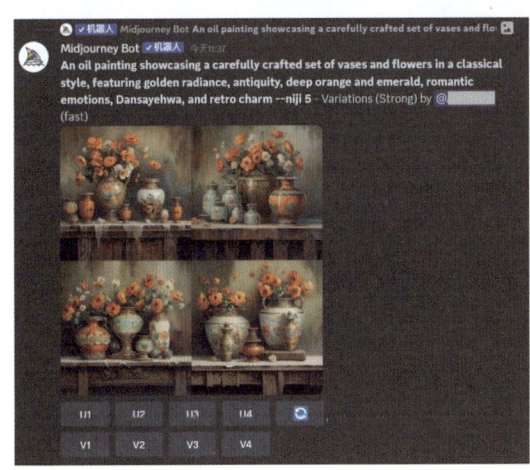

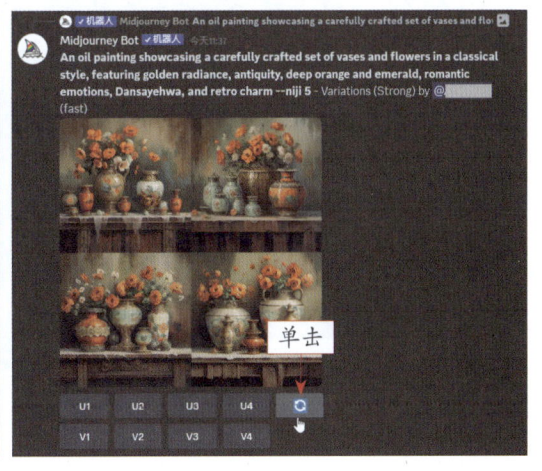

**STEP 07** 执行操作后，Midjourney 会再次生成 4 张图片，单击"U2"按钮，如图 6-8 所示。

**STEP 08** 执行操作后，Midjourney 将在第 2 张图片的基础上进行更加精细的刻画，并放大图片，

85

效果如图 6-9 所示。

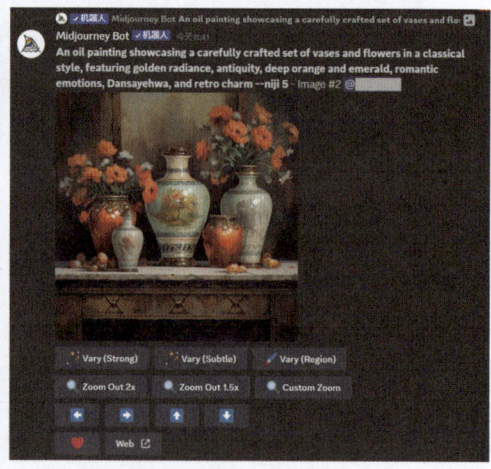

图 6-8 单击"U2"按钮　　　　图 6-9 放大图片的效果

> **专家指点**
>
> Midjourney 生成图片的下方的"U"按钮表示放大选中图片的细节，可以生成单张的大图效果。如果用户对 4 张图片中的某张图片感到满意，可以使用"U1～U4"按钮进行选择并生成大图，否则 4 张图片是拼在一起的。

**STEP 09** 单击"Variations（Strong）"（非常强烈）按钮并提交表单，Midjourney 将以该张图片为模板，重新生成变化较大的 4 张图片，单击"Variations（Subtle）"（非常微妙）按钮并提交表单，则重新生成变化较小的 4 张图片，如图 6-10 所示。

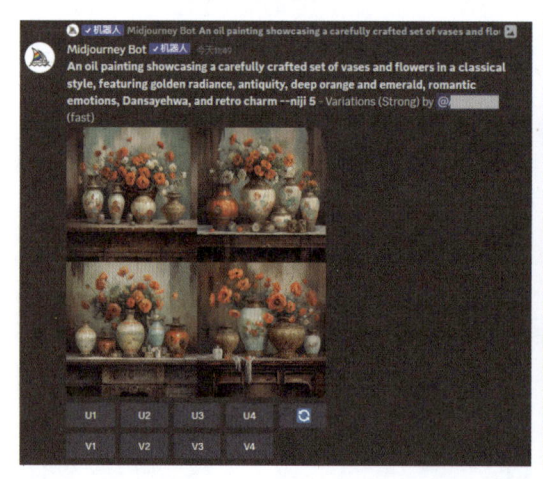

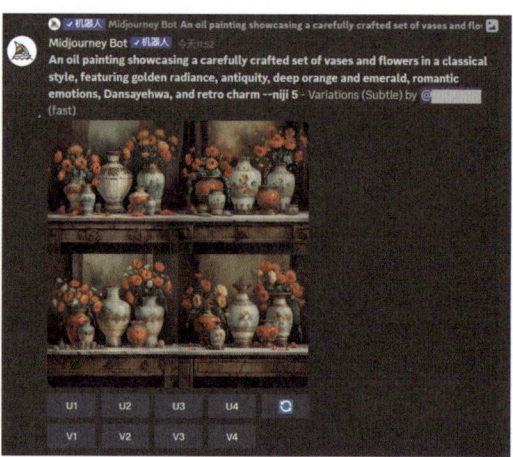

图 6-10 重新生成变化较大（左）和变化较小（右）的图片

**STEP 10** 在生成变化较大的 4 张图片中，单击"U1"按钮放大图片，在生成变化较小的 4 张图片中，单击"U2"按钮放大图片，放大后的图片效果如图 6-1 所示。

在本案例中，加入了关键词"classical style"（古典风格），表示将该图像的艺术风格调整为古典风格，使画作给人一种古典、深沉的感觉。

## 6.1.3 上传参考图生成图片

【效果展示】：在 Midjourney 中，用户可以使用"describe"指令获取图片的提示，然后再根据提示内容和图片链接来生成类似的图片，这个过程被称为"以图生图"或"垫图"。在 Midjourney 中上传参考图生成图片的效果如图 6-11 所示。

图 6-11 在 Midjourney 中上传参考图生成图片的效果

STEP 01 在 Midjourney 下面的输入框内输入"/"，在弹出的列表框中选择"describe"指令，如图 6-12 所示。

STEP 02 执行操作后，单击"上传"按钮，如图 6-13 所示。

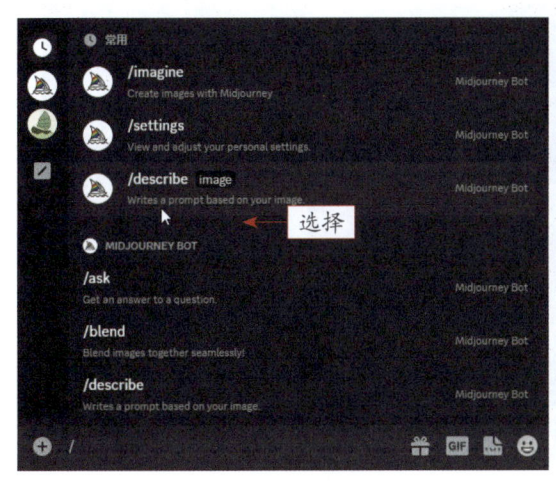

图 6-12 选择"describe"指令　　　　图 6-13 单击"上传"按钮

STEP 03 执行操作后，弹出"打开"对话框，选择相应的图片，如图 6-14 所示。

STEP 04 单击"打开"按钮将图片添加到 Midjourney 的输入框中，如图 6-15 所示，按两次

【Enter】键确认。

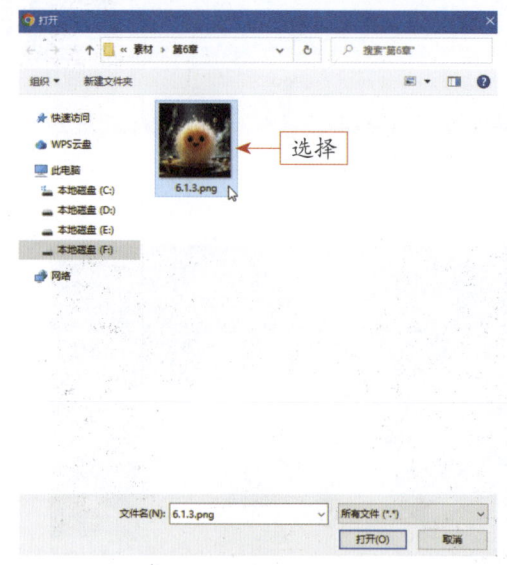

图 6-14 选择相应的图片

图 6-15 添加到 Midjourney 的输入框中

STEP 05 执行操作后，Midjourney 会根据用户上传的图片生成 4 段提示词，如图 6-16 所示。用户可以通过复制提示词或单击下面的"1～4"按钮，以该图片为模板生成新的图片效果。

STEP 06 单击生成的图片，在弹出的预览图中单击鼠标右键，在弹出的快捷菜单中选择"复制图片地址"选项，如图 6-17 所示，复制图片链接。

图 6-16 生成 4 段提示词

图 6-17 选择"复制图片地址"选项

STEP 07 执行操作后，在图片下方单击"1"按钮，如图 6-18 所示。

STEP 08 弹出"Imagine This！"（想象一下！）对话框，在"PROMPT"文本框中的关键词前面粘贴复制的图片链接，如图 6-19 所示。注意，图片链接和关键词中间要添加一个空格。

STEP 09 单击"提交"按钮，以参考图为模板生成 4 张图片，如图 6-20 所示。

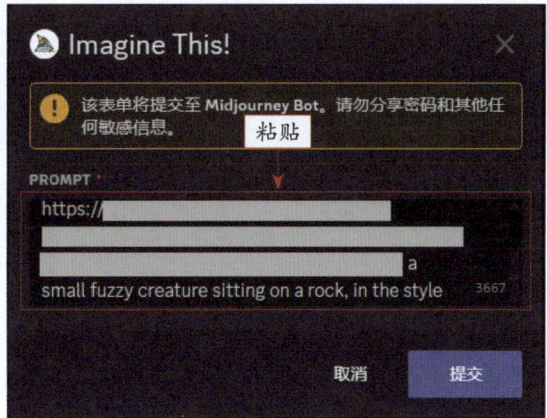

图 6-18 单击 1 按钮　　　　图 6-19 粘贴复制的图片链接

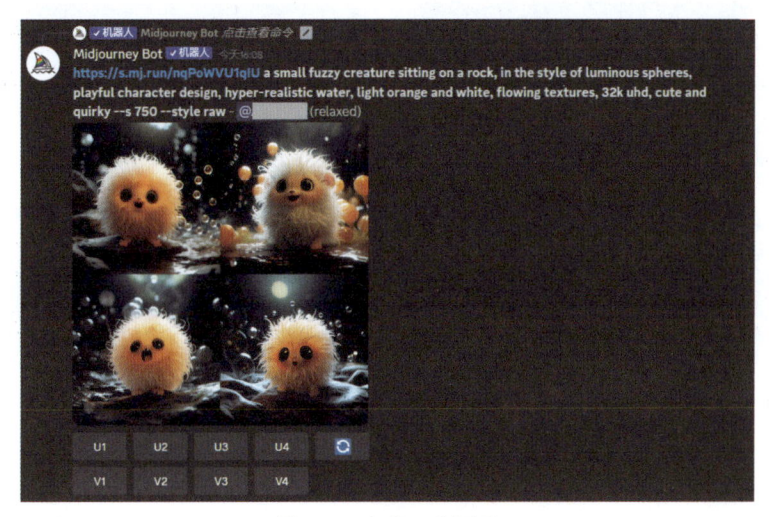

图 6-20 生成 4 张图片

STEP 10 单击"U2"按钮和"U4"按钮，放大第 2 张和第 4 张图片，效果如图 6-11 所示。

## 6.1.4 叠加参考图混合生图

【效果展示】：在 Midjourney 中，用户可以使用"blend"指令快速上传 2 ~ 5 张图片，然后查看每张图片的特征，并将它们混合生成一张新的图片。在 Midjourney 中叠加参考图混合生图的效果如图 6-21 所示。

STEP 01 在 Midjourney 下面的输入框内输入"/"，在弹出的列表框中选择"blend"指令，如图 6-22 所示。

STEP 02 执行操作后，出现两个图片框，单击左侧的"上传"按钮，如图 6-23 所示。

图 6-21 在 Midjourney 中叠加参考图混合生图的效果

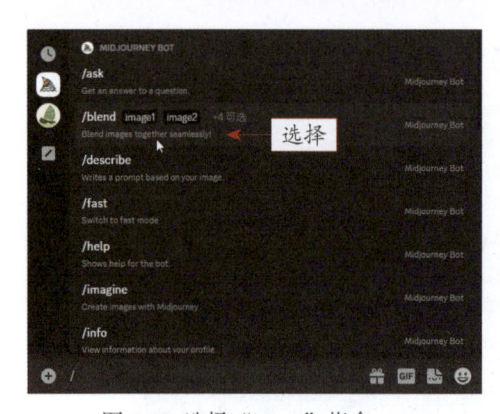

图 6-22 选择 "blend" 指令

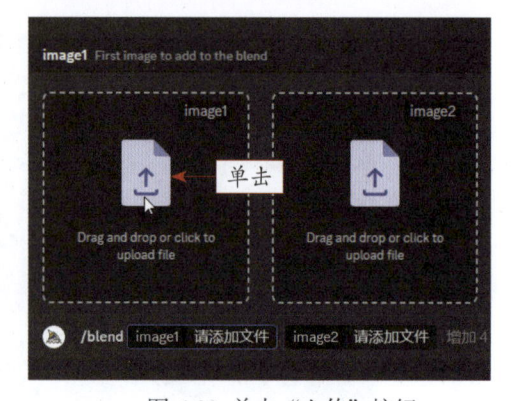

图 6-23 单击 "上传" 按钮

STEP 03 执行操作后，弹出"打开"对话框，选择相应的图片，如图 6-24 所示。

STEP 04 单击"打开"按钮，将图片添加到左侧的图片框中，并用相同的操作方法在右侧的图片框中添加一张图片，如图 6-25 所示。

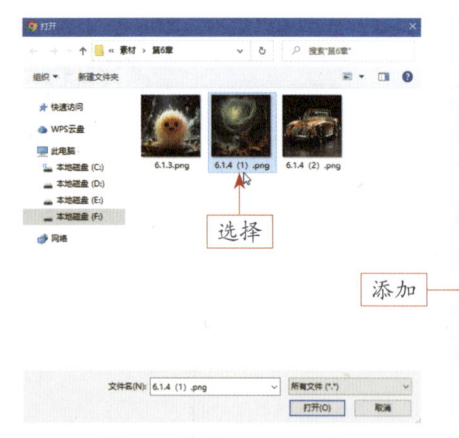

图 6-24 选择相应的图片

图 6-25 添加两张图片

STEP 05 按【Enter】键，Midjourney 会自动完成图片的混合操作，并生成 4 张新的图片，如图 6-26 所示。

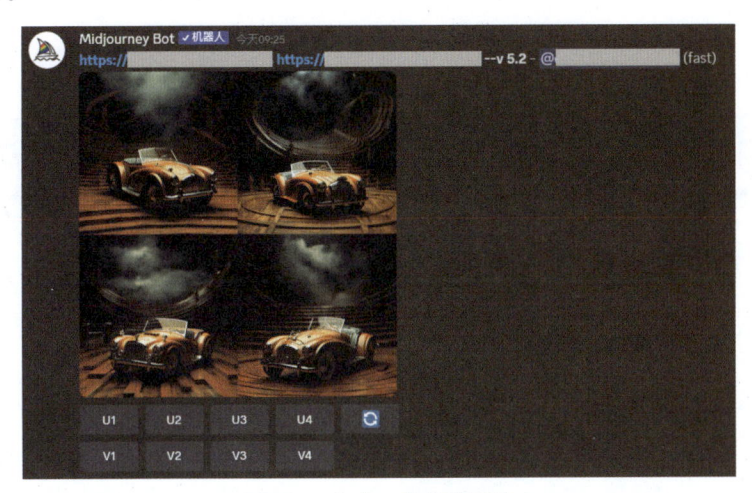

图 6-26 生成 4 张新的图片

**STEP 06** 单击 "U3" 按钮和 "U4" 按钮，放大第 3 张和第 4 张图片，效果如图 6-21 所示。

## 6.2 掌握 Midjourney 的绘画技巧

Midjourney 具有强大的 AI 绘画功能，用户可以通过一些技巧来改变 AI 绘画的效果，生成更优秀的绘画作品。本节将介绍 Midjourney 的 5 种绘画技巧，让用户在生成 AI 图像时更加得心应手。

### 6.2.1 开启混音模式生图

【效果展示】：使用 Midjourney 的 "Remix mode" 混音模式可以更改关键词、参数、模型版本或变体之间的横纵比，让 AI 绘画变得更加灵活、多变，效果如图 6-27 所示。

图 6-27 在 Midjourney 中开启 "Remix mode" 生图的效果

STEP 01 在 Midjourney 下面的输入框内输入 "/"，在弹出的列表框中选择 "settings" 指令，如图 6-28 所示。

STEP 02 按【Enter】键确认，即可调出 Midjourney 的设置面板，如图 6-29 所示。

图 6-28 选择 "settings" 指令　　　图 6-29 调出 Midjourney 的设置面板

▶ 专家指点

为了帮助大家更好地理解设置面板，下面将其中的内容翻译成中文，如图 6-30 所示。注意，直接翻译的英文不是很准确，具体用法需要用户多练习才能掌握。

STEP 03 在设置面板中，单击 "Remix mode" 按钮，如图 6-31 所示，即可开启混音模式（按钮显示为绿色）。

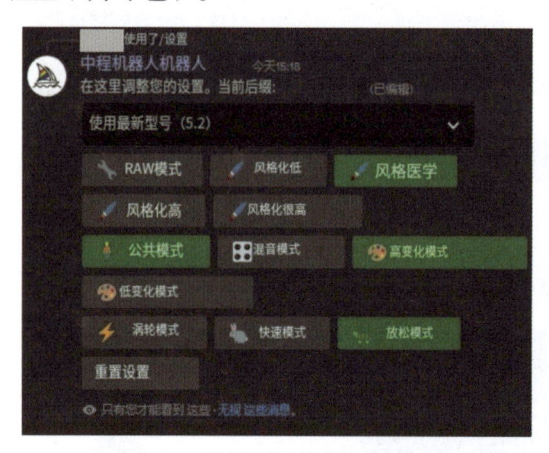

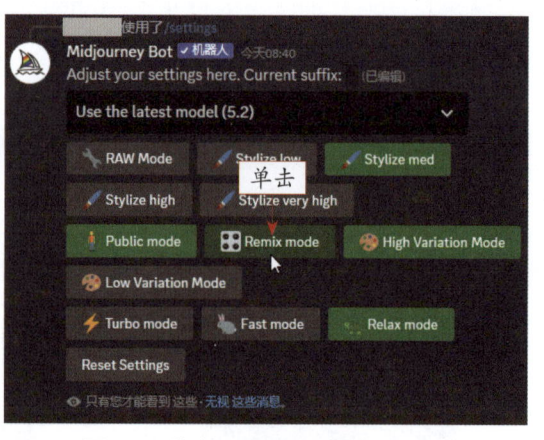

图 6-30 设置面板的中文翻译　　　图 6-31 单击 "Remix mode" 按钮

STEP 04 通过 "imagine" 指令输入相应的关键词，生成的图片效果如图 6-32 所示。

STEP 05 单击 "V3" 按钮，弹出 "Remix Prompt"（混音提示）对话框，如图 6-33 所示。

STEP 06 适当修改其中的某个关键词，如将 "white"（白色）改为 "black"（黑色），如图 6-34 所示。

STEP 07 单击 "提交" 按钮，即可重新生成相应的图片，图中画面的颜色从白色变成黑色，效果如图 6-35 所示。单击 "U3" 按钮和 "U4" 按钮，放大图片效果如图 6-27 所示。

图 6-32 生成的图片效果　　　　　图 6-33 "Remix Prompt" 对话框

图 6-34 修改关键词　　　　　图 6-35 重新生成相应的图片效果

## 6.2.2 使用种子值生图

【效果展示】：在使用 Midjourney 生成图片时，会有一个从模糊的"噪点"逐渐变得具体清晰的过程，而这个"噪点"的起点就是"种子"，即"seed"，Midjourney 依靠它来创建一个"视觉噪音场"，作为生成初始图片的起点。种子值是 Midjourney 为每张图片随机生成的，但可以使用"--seed"指令指定。在 Midjourney 中使用相同的种子值和关键词，将产生相同的出图结果，利用这点我们可以生成连贯的人物形象或者场景，效果如图 6-36 所示。

STEP 01 在 Midjourney 中生成相应的图片后，在该消息上方单击"添加反应"图标，如图 6-37 所示。

STEP 02 执行操作后,弹出"反应"对话框,如图 6-38 所示。

图 6-36 使用种子值生图的效果

图 6-37 单击"添加反应"图标　　　　图 6-38 "反应"对话框

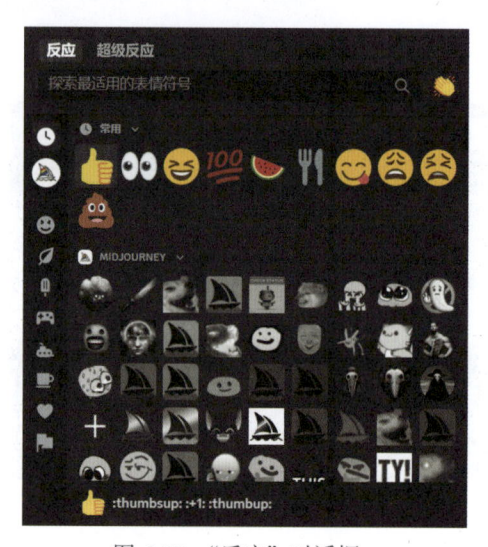

STEP 03 在搜索框中输入并搜索"envelope"(信封),并单击搜索结果中的"信封"图标✉,如图 6-39 所示。

STEP 04 执行操作后,Midjourney Bot 将会给我们发送一个消息,单击"私信"图标,如图 6-40 所示,可以查看消息。

STEP 05 执行操作后,即可看到 Midjourney Bot 发送的"Job ID"(作业 ID)和图片的种子值,如图 6-41 所示。

STEP 06 通过"imagine"指令在图像的关键词结尾处加上"--seed"指令,指令后面输入图片的种子值,然后再生成新的图片,效果如图 6-42 所示。

STEP 07 单击"U4"按钮,放大第 4 张图片,效果如图 6-36 所示。

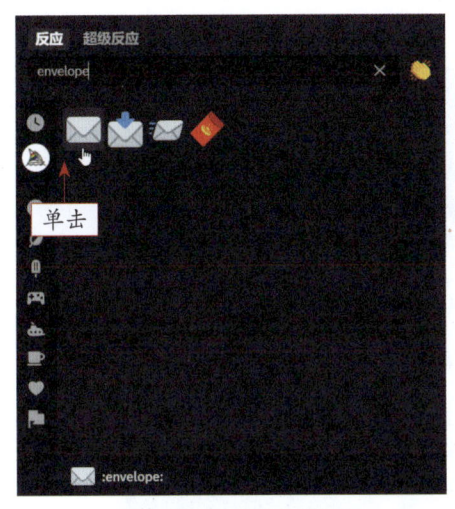

第 6 章 Midjourney 的基本绘画操作

图 6-39 单击"信封"图标

图 6-40 单击"私信"图标

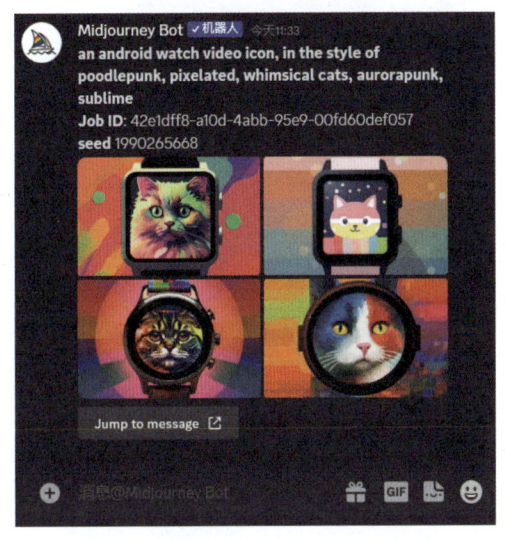

图 6-41 Midjourney Bot 发送的种子值

图 6-42 生成新的图片

## 6.2.3 调用标签关键词生图

【效果展示】：在通过 Midjourney 进行 AI 绘画时，我们可以使用 "prefer option set"（首选选项集）指令，将一些常用的关键词保存在一个标签中，这样每次绘画时就不用重复输入一些相同的关键词。调用标签关键词生图的效果如图 6-43 所示。

STEP 01 在 Midjourney 下面的输入框内输入 "/"，在弹出的列表框中选择 "prefer option set" 指令，如图 6-44 所示。

STEP 02 执行操作后，在 "option"（选项）文本框中输入相应的名称，如 "XHZ2"，如图 6-45 所示。

STEP 03 单击 "增加 1" 按钮，在上方的 "选项" 列表框中选择 "value"（参数值）选项，

95

如图 6-46 所示。

图 6-43 调用标签关键词生图的效果

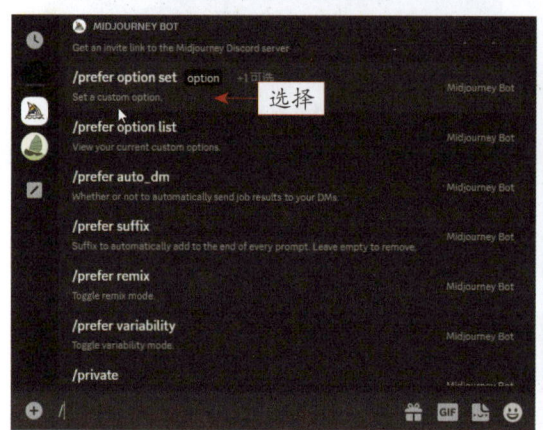

图 6-44 选择"prefer option set"指令

图 6-45 输入相应的名称

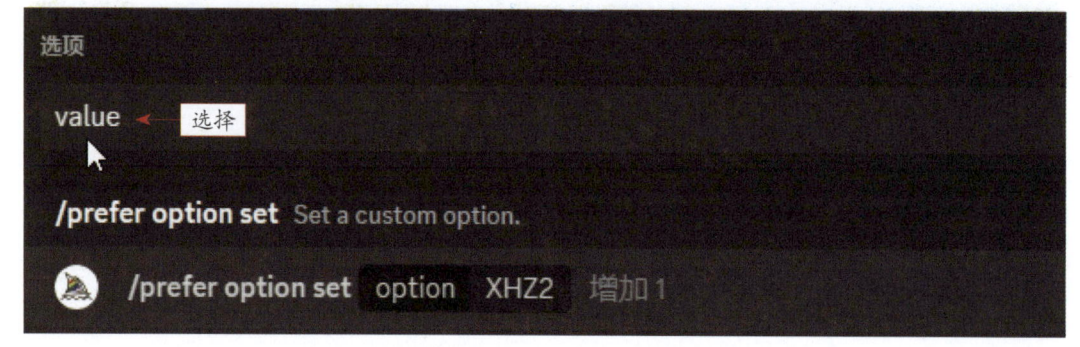

图 6-46 选择"value"选项

**STEP 04** 执行操作后,在"value"输入框中输入相应的关键词,如图 6-47 所示。注意,这里的关键词就是我们所要添加的一些固定的指令。

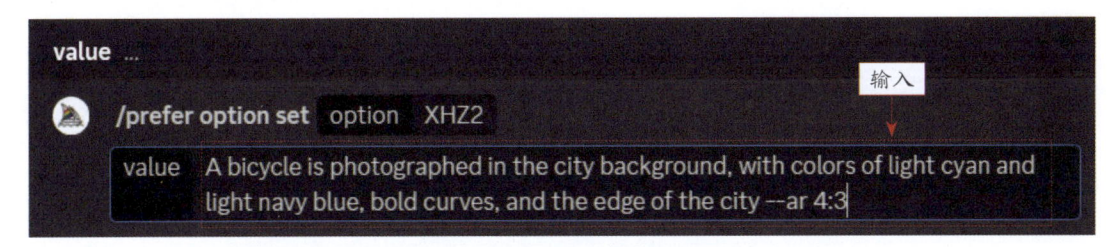

图 6-47 输入相应的关键词

**STEP 05** 按【Enter】键确认，即可将上述关键词储存到 Midjourney 的服务器中，如图 6-48 所示，从而给这些关键词打上一个统一的标签，标签名称就是"XHZ2"。

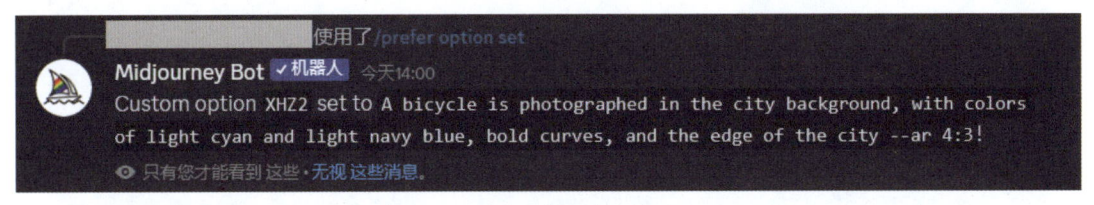

图 6-48 储存关键词并添加标签

**STEP 06** 通过"imagine"指令输入相应的关键词，然后在关键词的后面输入"--XHZ2"指令，即可调用标签关键词，如图 6-49 所示。

图 6-49 调用标签关键词

**STEP 07** 按【Enter】键确认，生成相应的图片，如图 6-50 所示。可以看到，Midjourney 在绘画时会自动添加"XHZ2"标签中的关键词。

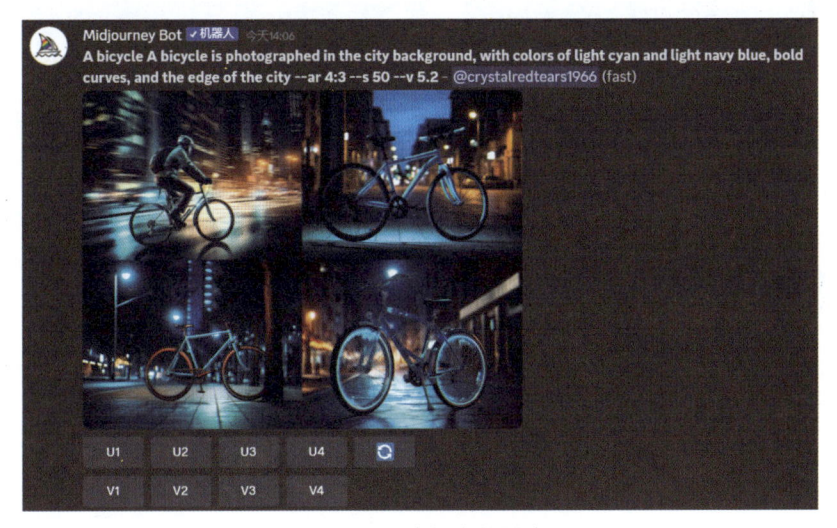

图 6-50 生成相应的图片

**STEP 08** 单击"U4"按钮，放大第 4 张图片，效果如图 6-43 所示。

97

## 6.2.4 使用平移扩图功能生图

【**效果展示**】：使用平移扩图功能可以生成图片外的场景，通过单击"上""下""左""右"箭头按钮来选择图片所需要扩展的方向，放大图片的效果如图 6-51 所示。

图 6-51 放大图片的效果

**STEP 01** 通过"imagine"指令生成一张合适的图片，如图 6-52 所示。

**STEP 02** 单击下方的"左箭头"按钮 ⬅，随后 Midjourney 将在原图的基础上，向左平移扩图，如图 6-53 所示。

图 6-52 生成图片

图 6-53 向左平移扩图

**STEP 03** 选择第 1 张图片进行放大，然后单击下方的"右箭头"按钮 ➡，Midjourney 将在原图的基础上，向右平移扩图，如图 6-54 所示。

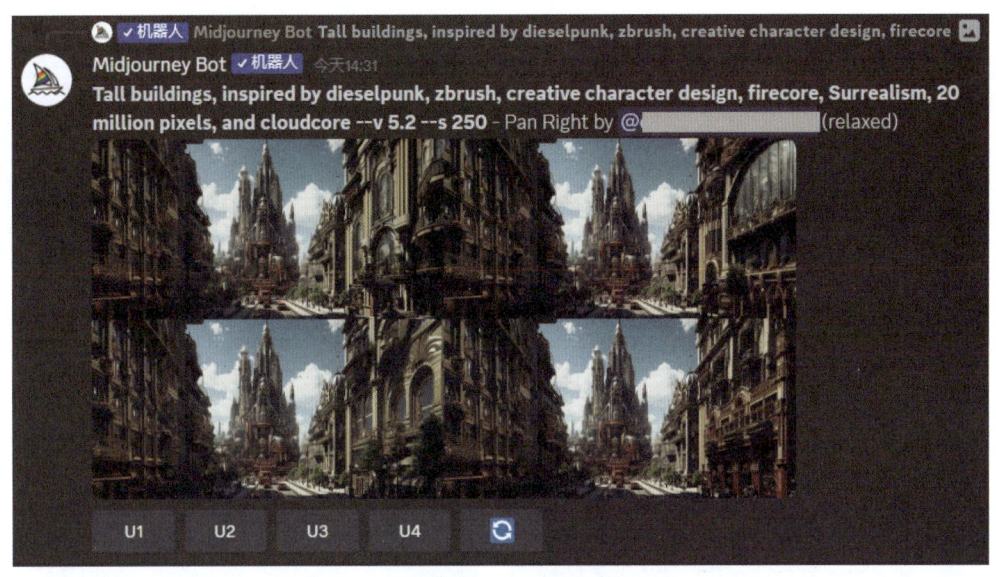

图 6-54 向右平移扩图

**STEP 04** 执行操作后,选择第 4 张图片进行放大,效果如图 6-51 所示。

> ▶ 专家指点
>
> 　　需要注意的是,使用平移扩图功能时一张图片无法同时进行水平和垂直平移,并且一旦使用平移扩图功能后就无法再使用"V"按钮,图片的底部只会显示"U"按钮。

## 6.2.5 使用无限缩放功能生图

【**效果展示**】:使用"Zoom Out"(缩小)功能可以将图片的镜头拉远,将一张图片多次缩小,使图片捕捉到的范围更大,图片主体周围生成更多的细节。使用无限缩放功能生图画面缩放 2 倍和 4 倍的效果如图 6-55 所示。

图 6-55 画面缩放 2 倍和 4 倍的效果

**STEP 01** 通过"imagine"指令生成一组图片,如图 6-56 所示。选择第 4 张图片进行放大。

**STEP 02** 单击"Zoom Out 2x"(缩小两倍)按钮,如图 6-57 所示,随后 Midjourney 将在原图的基础上,将画面缩放至 2 倍大小,效果如图 6-55 所示。

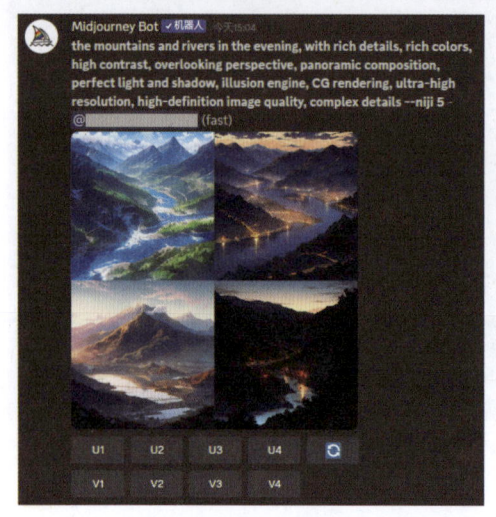

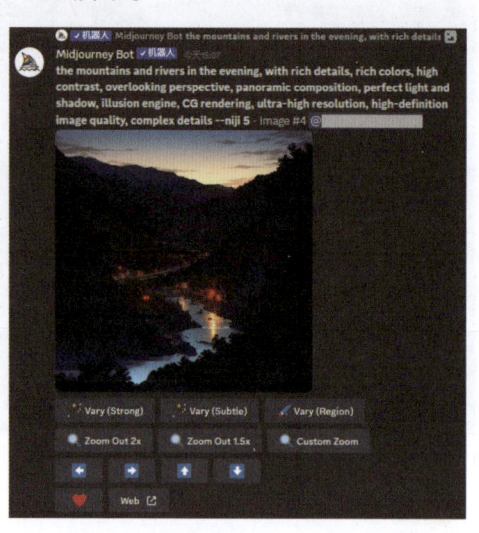

图 6-56 生成一组图片　　　　　　　　图 6-57 单击"Zoom Out 2x"按钮

**STEP 03** 重复上述操作,可以继续缩放图像至 4 倍,效果如图 6-58 所示。将第 2 张图片放大,效果如图 6-55 所示。

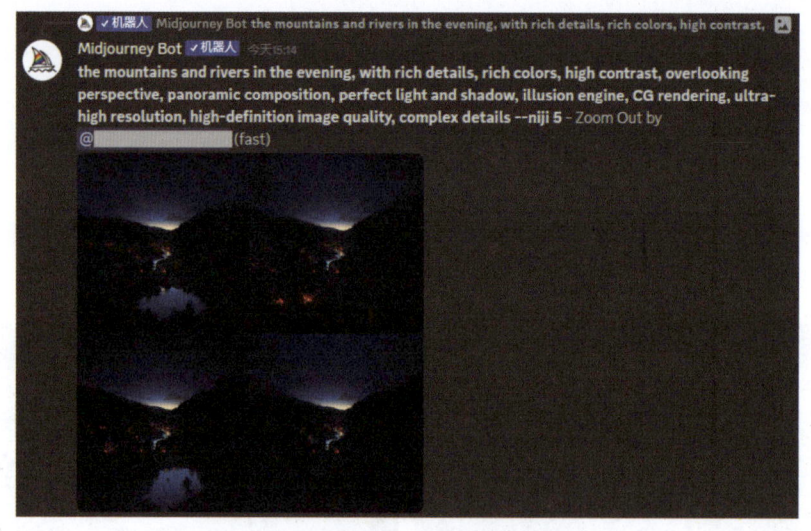

图 6-58 缩放图像至 4 倍的效果

# 第 7 章
# Midjourney 的高级绘画技巧

在 Midjourney 生成图片的过程中，可以通过添加或修改关键词对图像整体效果进行调整优化。例如，改变图像中对象的材质、风格、背景，或者通过参数指令设置图像的比例和渲染程度。本章主要介绍 Midjourney 的高级绘画技巧。

# 7.1 运用 Midjourney 的提示关键词

在使用 Midjourney 输入绘画关键词时,有些提示语或者关键词的使用频率较高,只要熟练掌握了这些关键词,就能应对大部分的图像生成任务。本节将介绍 Midjourney 中常用的关键词,帮助用户在生成图像时更加得心应手。

## 7.1.1 使用控制材质的关键词

在生成一些特殊的图像时,可以使用特定的关键词来改变图像中对象的材质,下面介绍一些常用的改变材质的关键词。

### 1. metal material(金属材质)

金属材质常用于一些器械、零件或盔甲当中,在生成图像的关键词中添加词语"metal material",可以将图像中对象的材质设置为金属材质,如图 7-1 所示。

图 7-1 使用金属材质关键词生成的图像

### 2. fabric material(布料材质)

布料是制作服装的基本材料之一,不同类型的布料可以用于制作不同的服装,在生成服装相关的图像时,可以添加关键词"fabric material"生成布料材质的图片,如图 7-2 所示。

### 3. diamond material(钻石材质)

钻石是一种稀有且珍贵的宝石,因其硬度、透明度和闪耀的外观受到大家的欢迎,钻石材质的关键词常用于生成一些首饰项链当中,如图 7-3 所示。

图 7-2 使用布料材质关键词生成的图像

图 7-3 使用钻石材质关键词生成的图像

## 7.1.2 使用表示风格的关键词

用户可以使用特定的关键词来改变图像的艺术风格，下面介绍一些常用的艺术风格关键词。

## 1. Classicism（古典风格）

古典风格强调对古希腊和古罗马艺术的回归，追求简洁、对称和理性的表现。在生成图像的关键词中添加关键词"classicism"，可以将图像的艺术风格调整为古典风格，如图7-4所示。

图 7-4 使用古典风格关键词生成的图像

## 2. abstract style（抽象风格）

抽象风格是将现实世界中的对象和形象剥离，追求形式、颜色、纹理等。在生成图像的关键词中添加词语"abstract style"，可以将图像的艺术风格调整为抽象风格，如图7-5所示。

图 7-5 使用抽象风格关键词生成的图像

## 3. modern style（现代风格）

现代风格是一种试图打破传统约束，追求创新和前卫表现方式的艺术风格。在生成图像的关键词中添加词语"modern style",可以将图像的艺术风格调整为现代风格,如图 7-6 所示。

图 7-6 使用现代风格关键词生成的图像

## 7.1.3 使用设置背景的关键词

在进行 AI 绘画时,我们可以通过修改关键词来调整图像中的背景,下面介绍在 AI 绘画中常用的背景关键词。

### 1. city background(城市背景)

添加关键词"city background"即可以城市的整体景象为背景,呈现出城市的建筑、街道、桥梁、公园等元素,如图 7-7 所示。

图 7-7 使用城市背景关键词生成的图像

### 2. forest background(森林背景)

使用森林背景可以使画面拥有丰富的自然元素,如茂密的树木、丰富的植被、蜿蜒的小道等。这些元素可以为图像增添自然的氛围,如图 7-8 所示。

图 7-8 使用森林背景关键词生成的图像

### 3. indoor background（室内背景）

在室内环境中，可以隔绝外界的干扰因素，如天气、噪音等，从而更专注于展现图像的主体，如图 7-9 所示。

图 7-9 使用室内背景关键词生成的图像

# 7.2 巧用 Midjourney 优化图像的参数

Midjourney 能够通过修改关键词来控制图像的材质、风格和背景。不仅如此，用户还可以通过使用各种参数指令来改变 AI 绘画的效果，生成更优秀的 AI 绘画作品。正确运用这些参数，对于提高生成图像的质量非常重要。本节将介绍一些 Midjourney 的参数指令，让用户在生成 AI 绘画作品时更加得心应手。

## 7.2.1 使用 version 参数设置版本

version 指版本型号，Midjourney 会经常进行版本的更新，并结合用户的使用情况改进其

## 第 7 章 Midjourney 的高级绘画技巧

算法。从 2022 年 4 月至 2023 年 10 月，Midjourney 发布了 5 个版本，其中 version 5.2 是目前最新且效果最好的版本。

Midjourney 目前支持 version 1、version 2、version 3、version 4、version 5、version 5.1、version 5.2 等版本，用户可以通过在关键词后面添加"--version（或 --v） 1/2/3/4/5/5.1/5.2"来调用不同的版本，如果没有添加版本后缀参数，那么会默认使用最新的版本参数。

例如，在关键词的末尾添加"--v 4"指令，即可使用 version 4 版本生成相应的图片，效果如图 7-10 所示。可以看到，version 4 版本生成的图片画面不太真实。

图 7-10 使用 version 4 版本生成的图片效果

下面使用相同的关键词，并将末尾的"--v 4"指令改成"--v 5.2"指令，即可使用 version 5.2 版本生成相应的图片，效果如图 7-11 所示，画面比较真实。

图 7-11 使用 version 5.2 版本生成的图片效果

### 7.2.2 使用 aspect rations 参数控制比例

aspect rations（横纵比）指令用于更改生成图像的宽高比，通常表示为冒号分割两个数字的形式，如 7:4 或者 4:3。注意，aspect rations 指令中的冒号为英文字体格式，且数字必须为整数。Midjourney 的默认宽高比为 1:1，效果如图 7-12 所示。

图 7-12 默认宽高比效果

用户可以在关键词后面添加"--aspect"指令或"--ar"指令指定图片的横纵比。例如，输入画面关键词，结尾处加上"--ar 3:4"指令，即可生成相应尺寸的图片，如图 7-13 所示。需要注意的是，在图片生成或放大的过程中，最终输出的尺寸效果可能会略有修改。

图 7-13 生成相应尺寸的图片

## 7.2.3 使用 chaos 参数控制变化程度

在 Midjourney 中使用"--chaos"（简写为"--c"）指令，可以影响图片生成结果的变化程度，且能够激发 AI 模型的创造能力，值（范围为 0 ~ 100，默认值为 0）越大 AI 模型就会越有自己的想法。

在 Midjourney 中输入相同的关键词，较低的"--chaos"值具有更可靠的结果，生成的图片在风格、构图上比较相似，效果如图 7-14 所示；较高的"--chaos"值将产生更多不寻常和意想不到的结果和组合，生成的图片在风格、构图上的差异较大，效果如图 7-15 所示。

图 7-14 较低的"--chaos"值生成的图片效果

图 7-15 较高的"--chaos"值生成的图片效果

## 7.2.4 使用 no 参数排除不必要元素

在关键词的末尾加上"--no xx"指令，可以让画面中不出现"xx"内容。例如，在关键词后面添加"--no plants"指令，表示生成的图片中不出现植物，效果如图 7-16 所示。

用户可以使用"imagine"指令与 Discord 上的 Midjourney Bot 互动，该指令可以根据简短文本说明（即关键词）生成唯一的图片。Midjourney Bot 最适合使用简短的句子来描述想要看到的内容。

图 7-16 添加"--no plants"指令生成的图片效果

## 7.2.5 使用 quality 参数控制画质

在关键词后面加"--quality"(简写为"--q")指令,可以改变图片生成的质量。高质量的图片需要更长的时间来处理细节,更高的质量意味着每次生成时耗费的 GPU(Graphics Processing Unit,图形处理器)分钟数也会增加。

例如,通过"imagine"指令输入相应的关键词,并在关键词的结尾加上"--quality .25"指令,即以最快的速度生成图片,可以看到花朵的细节非常模糊,如图 7-17 所示。

图 7-17 生成细节模糊的图片效果

通过"imagine"指令输入相同的关键词,并在关键词的结尾处加上"--quality .5"指令,即可生成稍带细节的图片效果，如图 7-18 所示。

图 7-18 稍带细节的图片效果

继续通过 "imagine" 指令输入相同的关键词，并在关键词的结尾处加上 "--quality 1" 指令，即可生成有更多细节的图片，如图 7-19 所示。

图 7-19 生成有更多细节的图片

## 7.2.6 使用 stylize 参数把握艺术风格

在 Midjourney 中使用 stylize 参数，可以让生成的图片更具艺术性。使用较低的 stylize 参数生成的图片与关键词密切相关，但艺术性较差，效果如图 7-20 所示。

图 7-20 使用较低的 stylize 参数生成的图片效果

使用较高的 stylize 参数生成的图片具有艺术性，但与关键词的关联性较低，AI 模型会有更多的自由发挥空间，效果如图 7-21 所示。

图 7-21 使用较高的 stylize 参数生成的图片效果

## 7.2.7 使用 stop 参数控制完成度

在 Midjourney 中使用 "--stop" 指令，可以停止正在进行的 AI 绘画作业，然后直接出图。如果用户没有使用 "--stop" 指令，则默认的生成步数为 100，得到的图片效果是非常清晰、详实的。

然而，使用 "--stop" 指令后，生成的步数越少，停止渲染的时间就越早，生成的图像也就越模糊。图 7-22 所示为使用 "--stop 50" 指令生成的图片效果（"50" 代表步数）。

图 7-22 使用 "--stop 50" 指令生成的图片效果

## 7.2.8 使用 tile 参数生成重复元素

在 Midjourney 中使用 "--tile" 指令生成的图片可用作重复磁贴，生成一些重复、无缝的图案元素，如瓷砖、织物、壁纸和纹理等，效果如图 7-23 所示。

图 7-23 使用 "--tile" 指令生成的重复磁贴图片效果

## 7.2.9 使用 iw 参数设置图像权重

【效果展示】：在 Midjourney 中以图生图时，使用 "--iw" 指令可以提升图像权重，即

113

调整提示的图像（参考图）与文本部分（提示词）的重要性。当用户使用的 iw 值（.5～2）越大，表明上传的图片对输出的结果影响越大。用 iw 参数设置图像权重的效果如图 7-24 所示。

图 7-24 用 iw 参数设置图像权重的效果

STEP 01 在 Midjourney 中使用 "describe" 指令上传一张参考图，并生成相应的关键词，如图 7-25 所示。

STEP 02 单击生成的图片，在弹出的预览图中单击鼠标右键，在弹出的快捷菜单中选择"复制图片地址"选项，如图 7-26 所示，复制图片链接。

第 7 章 Midjourney 的高级绘画技巧

图 7-25 生成相应的关键词　　　　　图 7-26 选择"复制图片地址"选项

**STEP 03** 调用"imagine"指令，将复制的图片链接和第 3 段关键词输入到"prompt"输入框中，并在后面输入"--ar 4:3"和"--iw 2"指令，如图 7-27 所示。

图 7-27 输入相应的图片链接、关键词和指令

**STEP 04** 按【Enter】键确认，即可生成与参考图的风格极其相似的图片，如图 7-28 所示。

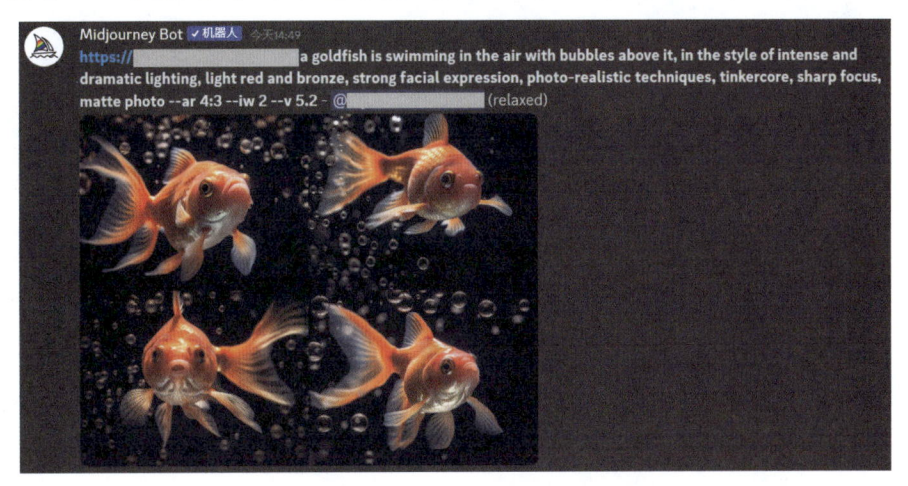

图 7-28 生成与参考图相似的图片

**STEP 05** 单击"U2"按钮和"U3"按钮，生成第 2 张和第 3 张图的大图，效果如图 7-24 所示。

115

# 第 8 章
# 运用 AI 模型训练探索更多绘画功能

文心一格是依托百度飞桨和文心大模型的 AI 绘画工具，为用户提供了艺术创作的无限可能。除了基本的 AI 创作功能，文心一格还有艺术字、AI 编辑、实验室等功能，可以帮助用户更深入地探索并掌握 AI 绘画技术。

## 8.1 运用文心一格生成艺术字

使用文心一格的"AI 创作"功能可以帮助用户创作艺术字,包括中文、字母两种类型。用户输入生成艺术字的提示词,并设置相应的字体布局、字体创意、比例和数量参数,即可获得艺术字。本节将介绍运用文心一格生成艺术字的操作方法。

### 8.1.1 生成创意中文艺术字

【效果展示】:在"AI 创作"页面选择"艺术字"选项卡,生成的艺术字效果如图 8-1 所示。

图 8-1 使用文心一格生成的艺术字效果

STEP 01) 在"AI 创作"页面选择"艺术字"|"中文"选项卡,输入相应的中文字(支持 1 ~ 5 个汉字),如图 8-2 所示。

STEP 02) 在下方输入相应的字体创意提示词,并设置"影响比重"为 6,如图 8-3 所示,影响字体的填充和背景效果。

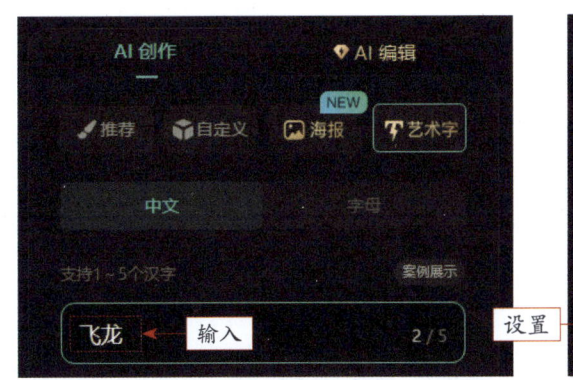

图 8-2 输入相应的中文字    图 8-3 设置"影响比重"参数

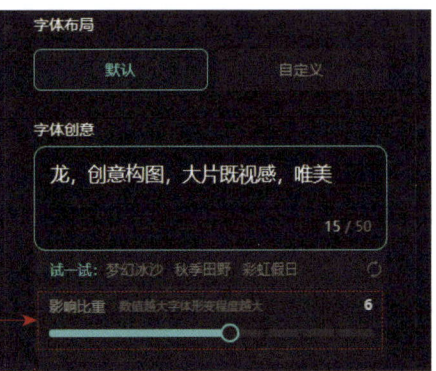

STEP 03 设置"比例"为"横图"、"数量"为1，单击"立即生成"按钮，即可生成一张艺术字横图，如图8-4所示。

图8-4 生成艺术字横图

STEP 04 适当修改字体创意提示词，并设置"影响比重"为8，增加字体创意对AI的引导作用，如图8-5所示。

STEP 05 在"字体布局"选项区中，选择"自定义"选项卡，设置"字体大小"为"中"，适当调小文字，如图8-6所示。

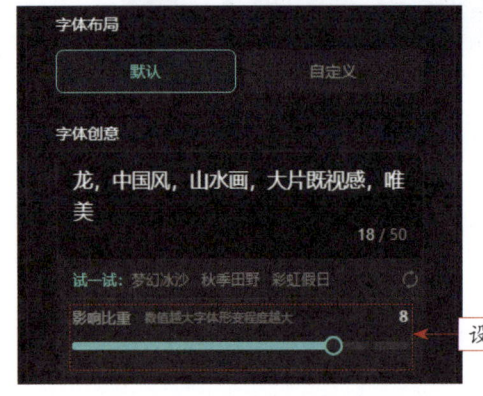

图8-5 设置"影响比重"参数　　　　图8-6 设置"字体大小"参数

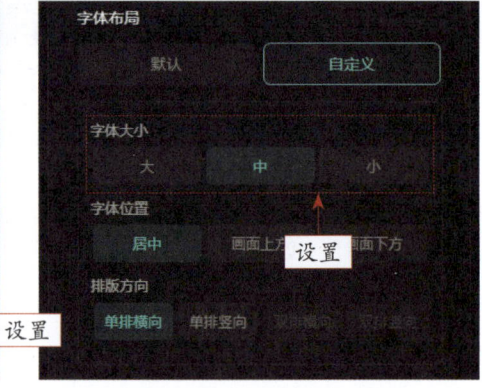

STEP 06 其他参数保持不变，单击"立即生成"按钮，再次生成一张艺术字横图，画面具有中国风和山水画特征，效果如图8-1所示。

## 8.1.2 生成趣味字母艺术字

【效果展示】：字母艺术字具有美观有趣、醒目张扬等特性，是一种有图案意味和装饰意味的变形字体，如图8-7所示。

STEP 01 在"AI创作"页面选择"艺术字"|"字母"选项卡，输入相应的英文字母（仅支持输入1个字母），如图8-8所示。

STEP 02 在下方输入相应的字体创意提示词，并设置"影响比重"为9（影响字体的填充和背景效果），如图8-9所示。

图8-7 生成两张字母艺术字图片

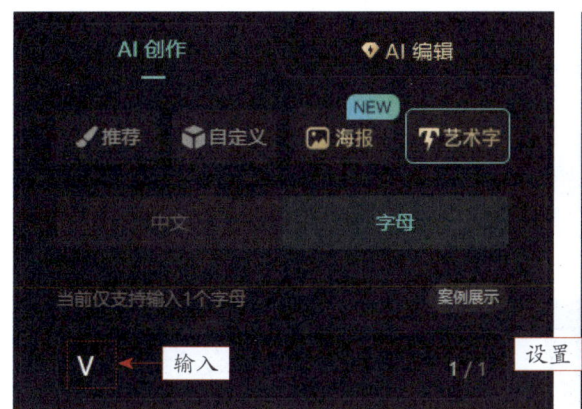

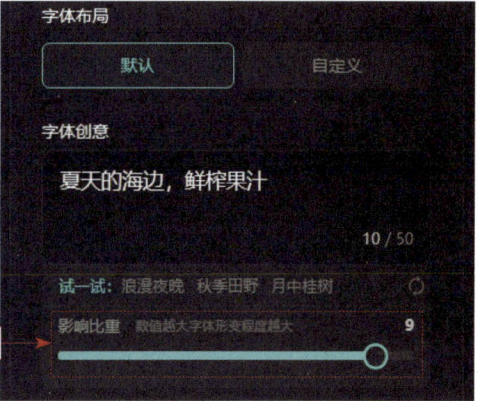

图8-8 输入相应的英文字母

图8-9 设置"影响比重"参数

STEP 03 在"字体布局"选项区中，选择"自定义"选项卡，设置"字体大小"为"中"，适当调小文字，如图8-10所示。

STEP 04 设置"比例"为"方图"、"数量"为2，单击"立即生成"按钮，如图8-11所示。

▶ 专家指点

文心一格能从文字的义、形和结构特征出发，对字体的笔画和结构做合理的变形处理，生成美观形象的艺术字。

STEP 05 执行操作后，即可生成两张字母艺术字图片，画面采用水果和海水填充字母，并通过有趣的色彩搭配来增强艺术感，如图8-7所示。

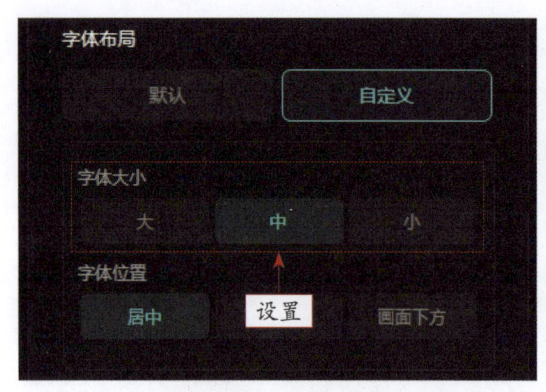

图 8-10 设置"字体大小"参数

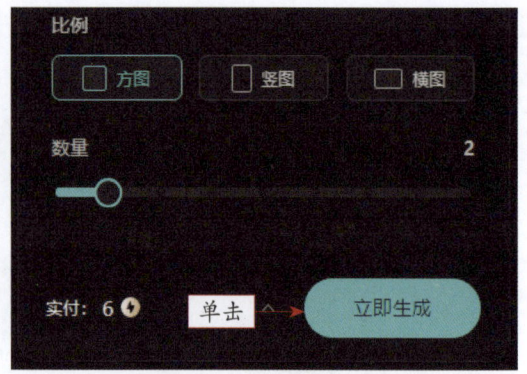

图 8-11 单击"立即生成"按钮

## 8.2 运用文心一格优化画作细节

文心一格还提供了修复画作功能，如消除图片瑕疵、涂抹重绘图像、叠加融合生成新画像等，帮助用户生成具有质感的画作。本节将介绍运用文心一格优化画作细节的操作方法。

### 8.2.1 涂抹消除图片瑕疵

【效果对比】：在文心一格的"AI 编辑"页面中，使用"涂抹消除"功能可以对图像中不满意的地方进行涂抹，AI 将对涂抹区域进行消除重绘处理，修复图像的瑕疵。涂抹前后的对比效果如图 8-12 所示。

图 8-12 涂抹前后的对比效果

# 第 8 章 运用 AI 模型训练探索更多绘画功能

**STEP 01** 进入"AI 编辑"页面,单击"涂抹消除"按钮,如图 8-13 所示。

**STEP 02** 在"AI 编辑"页面中间的绘图窗口中,单击"选择图片"按钮,如图 8-14 所示。

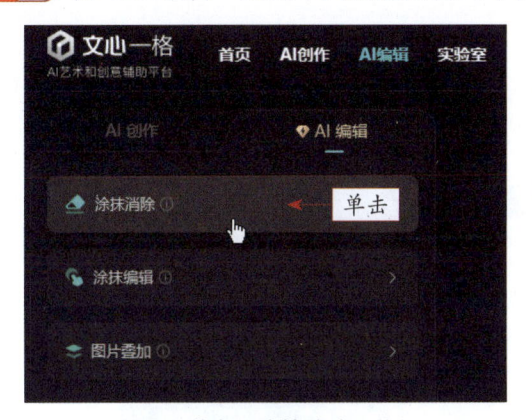

图 8-13 单击"涂抹消除"按钮

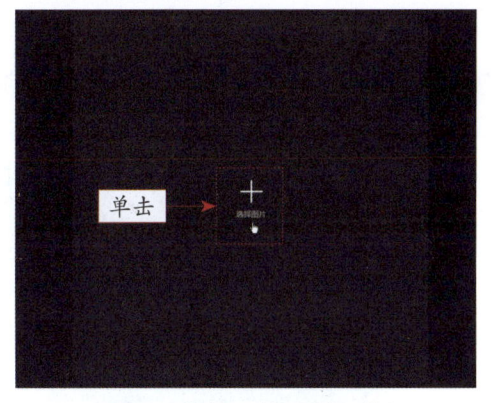

图 8-14 单击"选择图片"按钮

**STEP 03** 执行操作后,弹出"我的作品"对话框,单击"上传本地照片"标签,如图 8-15 所示。

**STEP 04** 切换至"上传本地照片"选项卡,单击"选择文件"按钮,如图 8-16 所示。

图 8-15 单击"上传本地照片"标签

图 8-16 单击"选择文件"按钮

**STEP 05** 执行操作后,弹出"打开"对话框,选择相应的图像素材,如图 8-17 所示,单击"打开"按钮。

**STEP 06** 执行操作后,即可上传图像素材,单击"确定"按钮,如图 8-18 所示。

图 8-17 选择相应的图像素材

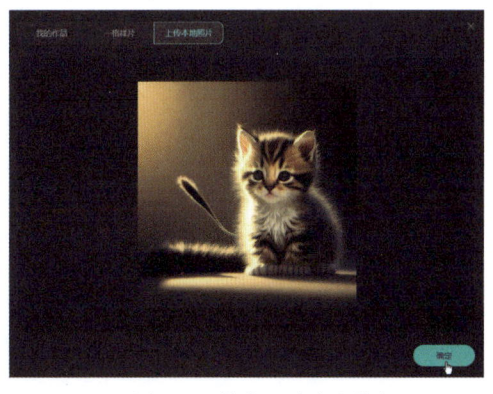

图 8-18 单击"确定"按钮

121

▶ **专家指点**

如果用户涂抹了多余的地方,可以在图像下方的工具栏中单击"橡皮擦"按钮◆,擦除多余的涂抹区域。

**STEP 07** 执行操作后,即可将图像素材添加到绘图窗口中,在相应区域进行涂抹,如图 8-19 所示。

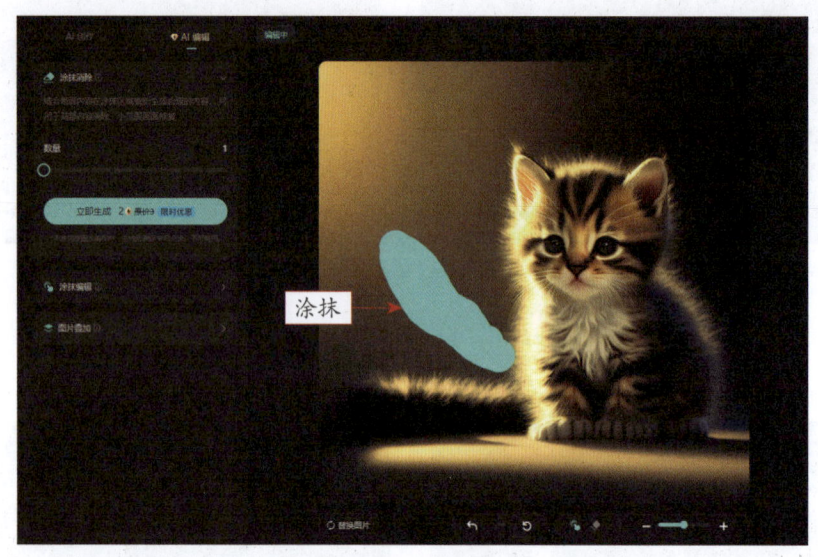

图 8-19 涂抹相应区域

**STEP 08** 单击"立即生成"按钮,即可去除涂抹区域中的图像瑕疵,涂抹前后的对比效果如图 8-12 所示。

## 8.2.2 涂抹编辑并重绘图像

【效果对比】:在"AI 编辑"页面中,使用"涂抹编辑"功能对图片中希望修改的区域进行涂抹,AI 将对涂抹区域按照提示词的描述自动重新绘制图像,修复图像瑕疵或修改图像内容。涂抹前后的效果对比如图 8-20 所示。

图 8-20 效果对比

第 8 章 运用 AI 模型训练探索更多绘画功能

STEP 01 进入"AI 编辑"页面,展开"涂抹编辑"选项区,单击"选择图片"按钮,如图 8-21 所示。

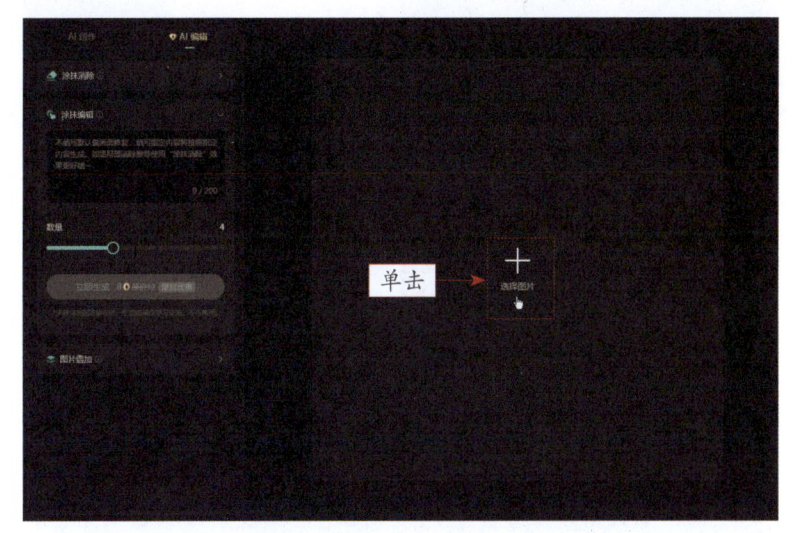

图 8-21 单击"选择图片"按钮

STEP 02 执行操作后,弹出"我的作品"对话框,在其中选择相应的图像素材,如图 8-22 所示。

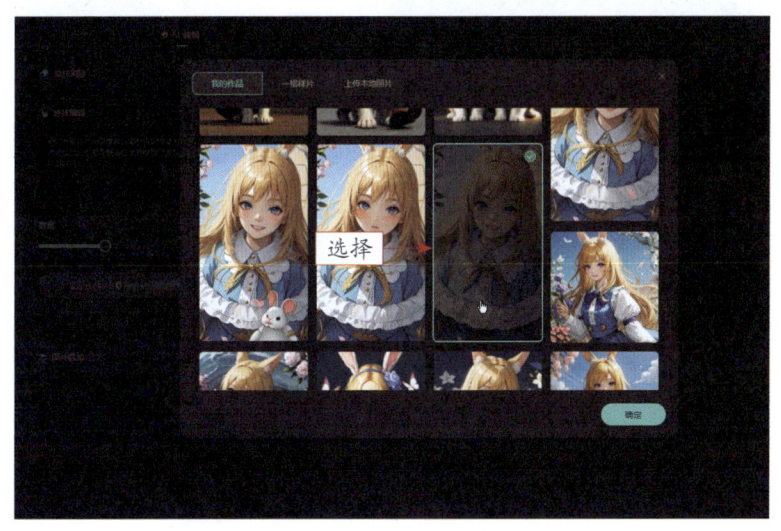

图 8-22 选择相应的图像素材

STEP 03 单击"确定"按钮,即可在绘图窗口中添加相应的图像素材,拖曳图像下方的绿色圆形滑块,将画笔大小设置为 30,如图 8-23 所示。

STEP 04 在人物的头发处涂抹,输入相应的提示词,并设置"数量"为 1,单击"立即生成"按钮,如图 8-24 所示。

STEP 05 执行操作后,即可在涂抹区域中生成一个蝴蝶结图像,为人物添加一些装扮元素。涂抹前后的对比效果如图 8-20 所示。

123

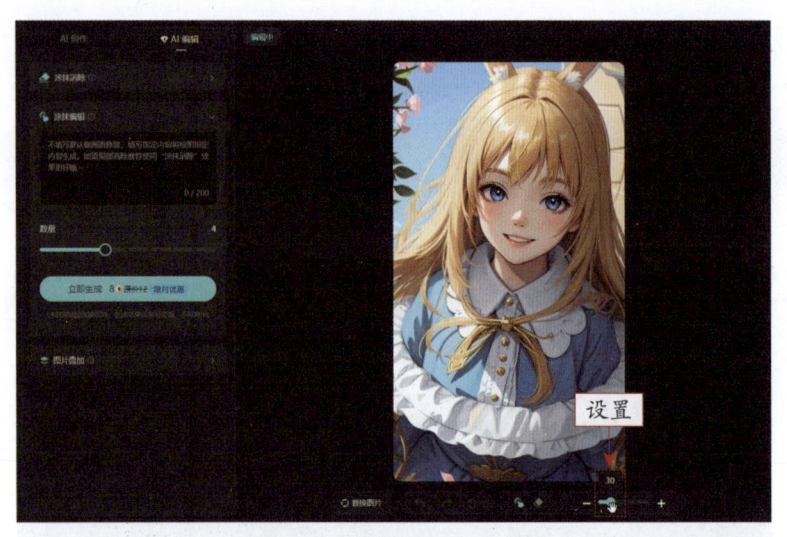

图 8-23 设置画笔大小参数

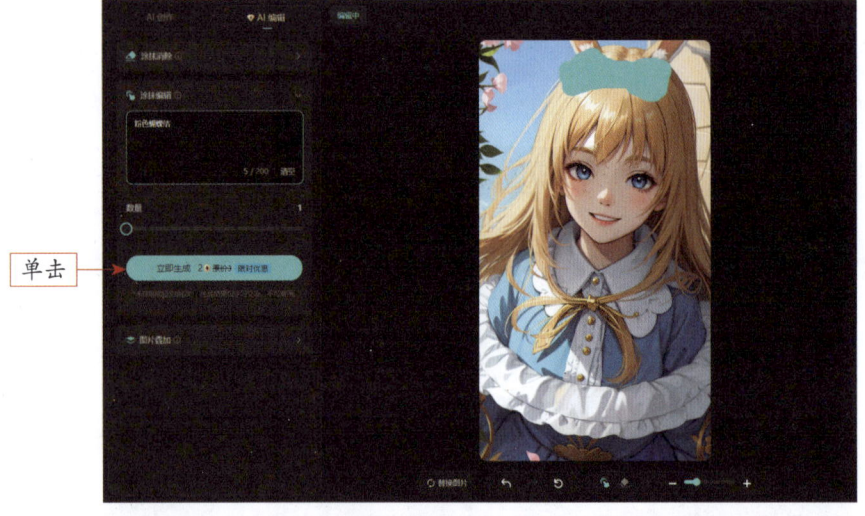

图 8-24 单击"立即生成"按钮

▶ 专家指点

在"AI 编辑"页面下方的工具栏中，单击"替换图片"按钮，可以重新选择图像素材；单击"撤消"按钮↩，可以撤销前一步的涂抹操作；单击"恢复操作"按钮↪，可以重新加载被撤销的涂抹操作。

## 8.2.3 叠加融合生成新图像

【效果展示】：文心一格的"图片叠加"功能是指将两张图片叠加在一起，生成一张新的图片，新的图片会同时具备两张图片的特征，效果如图 8-25 所示。

STEP 01 进入"AI 创作"页面，输入相应的提示词，设置"画面类型"为"智能推荐"、"比例"为"方图"、"数量"为 1，单击"立即生成"按钮，生成一张小狗图片，效果如图 8-26 所示。

图 8-25 叠加融合生成新图像的效果

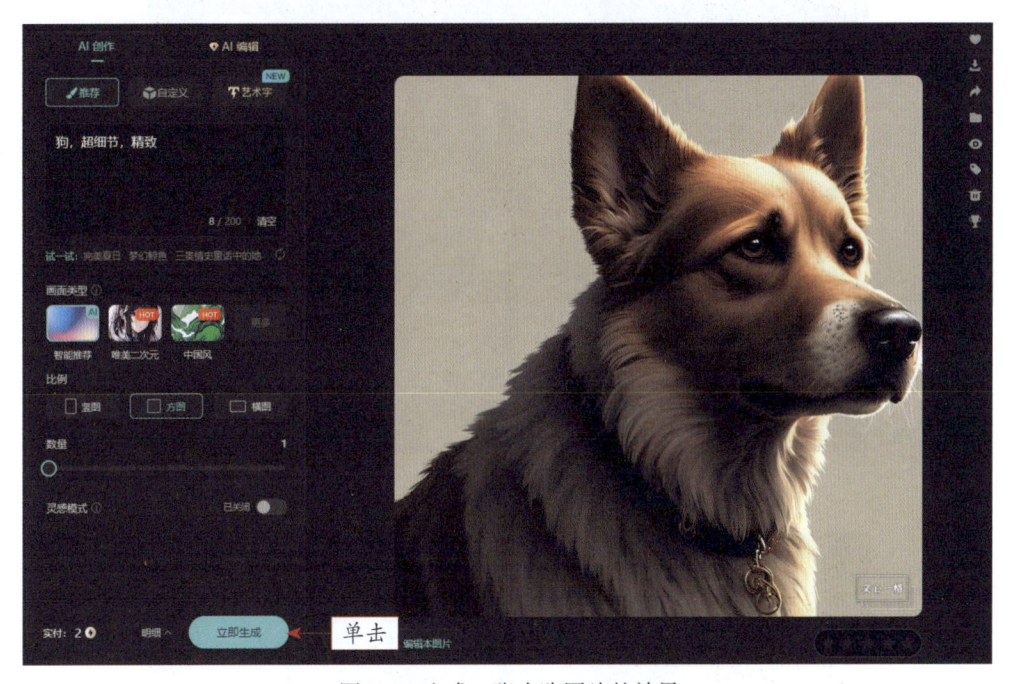

图 8-26 生成一张小狗图片的效果

STEP 02 在"AI 创作"页面中,修改相应的提示词,其他参数保持不变,单击"立即生成"按钮,生成一张机器人图片,效果如图 8-27 所示。

STEP 03 进入"AI 编辑"页面,用户可以单击"创建新任务"按钮新建 AI 编辑任务,也可以直接单击图像下方的"编辑本图片"按钮,如图 8-28 所示。

STEP 04 执行操作后,激活"AI 编辑"功能,展开"图片叠加"选项区,在"叠加图"选项区中单击"选择图片"按钮,如图 8-29 所示。

图 8-27 生成一张机器人图片

图 8-28 单击"编辑本图片"按钮

图 8-29 单击"选择图片"按钮

第 8 章 运用 AI 模型训练探索更多绘画功能

STEP 05 执行操作后,弹出"我的作品"对话框,在其中选择之前生成的小狗图片,如图 8-30 所示。

图 8-30 选择之前生成的小狗图片

STEP 06 单击"确定"按钮,即可在"叠加图"选项区中添加相应的图片,适当调整两张图片对结果的影响程度,并输入相应的提示词(用户希望生成的图像内容),如图 8-31 所示。

图 8-31 输入相应的提示词

STEP 07 设置"数量"为 2,单击"立即生成"按钮,即可叠加两张图片,生成新的"机械狗"图片,画面效果更像机器人一些,如图 8-32 所示。

STEP 08 若对生成的画面效果不满意,还可以继续调整两张图片对结果的影响程度(基础图为 45%、叠加图为 55%),再次合成图像,其画面效果更像狗一些,效果如图 8-25 所示。

127

图 8-32 画面效果更像机器人一些

# 8.3 运用实验室和训练新模型生图

文心一格的"一格 AI 实验室"页面拥有高级的图像生成方法，包括识别人物的动作和线稿生成新的图像。同时，文心一格还支持用户根据自己的需求训练新的模型，创作属于自己的画作。本节将详细介绍文心一格的这些功能。

## 8.3.1 识别人物动作优化画作

扫码看视频

【效果对比】：使用文心一格"一格 AI 实验室"页面中的"人物动作识别再创作"功能，可以识别图像中的人物动作，再结合输入的提示词生成与动作相近的画作。该功能可以精准地控制人物动作，实现动画分镜效果。参考图与效果图的对比如图 8-33 所示。

图 8-33 参考图与效果图的对比

STEP 01 进入文心一格的"一格AI实验室"页面,单击"人物动作识别再创作"按钮,如图8-34所示。

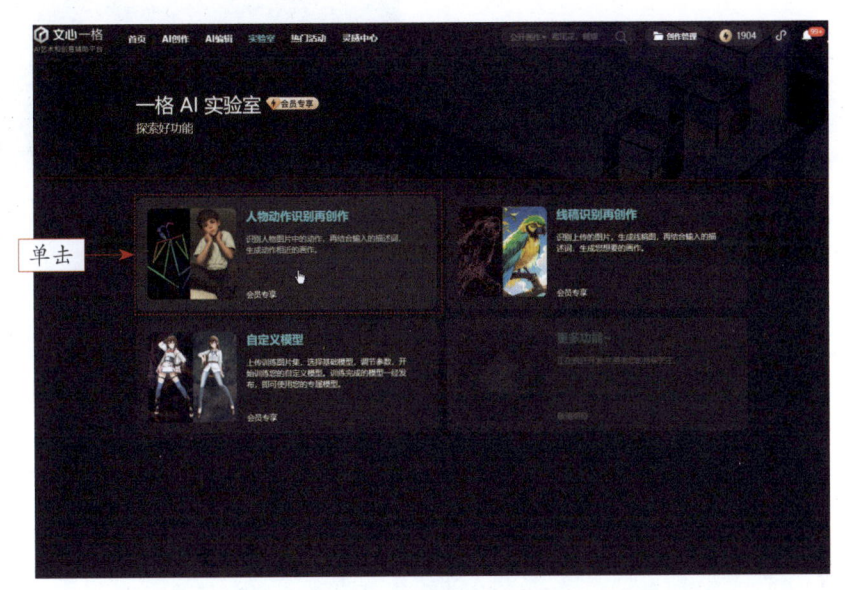

图 8-34 单击"人物动作识别再创作"按钮

STEP 02 执行操作后,进入"人物动作识别再创作"页面,单击"将文件拖到此处,或点击上传"按钮,如图8-35所示。

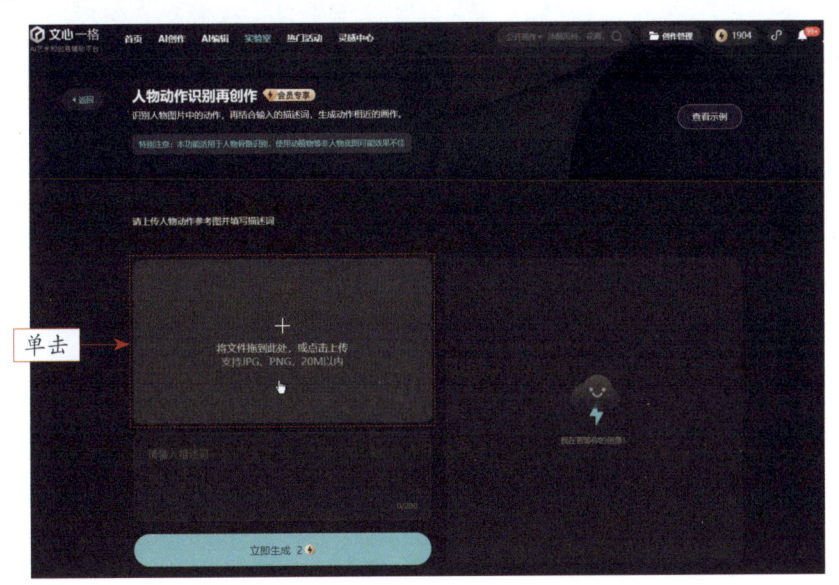

图 8-35 单击"将文件拖到此处,或点击上传"按钮

STEP 03 执行操作后,弹出"打开"对话框,选择相应的参考图,如图8-36所示。
STEP 04 单击"打开"按钮,即可上传人物动作参考图,如图8-37所示。
STEP 05 输入相应的提示词,单击"立即生成"按钮,即可生成对应的骨骼图和效果图,如图8-38所示。

图 8-36 选择相应的参考图　　　　　图 8-37 上传人物动作参考图

图 8-38 生成对应的骨骼图和效果图

**STEP 06** 通过"人物动作识别再创作"功能可以更准确地控制人物的动作，从而让生成的图像可以保持参考图中的人物姿势，再通过提示词来生成新的画面效果，参考图与效果图的对比如图 8-33 所示。

## 8.3.2 识别线稿优化画作

**【效果对比】**：使用"线稿识别再创作"功能可以识别用户上传的本地图片，生成线稿图，然后再结合用户输入的提示词来生成相应的画作，参考图与效果图对比如图 8-39 所示。

**STEP 01** 进入文心一格的"一格 AI 实验室"页面，单击"线稿识别再创作"按钮，如图 8-40 所示。

**STEP 02** 执行操作后，进入"线稿识别再创作"页面，单击"将文件拖到此处，或点击上传"按钮，如图 8-41 所示。

图 8-39 参与图与效果图对比

图 8-40 单击"线稿识别再创作"按钮

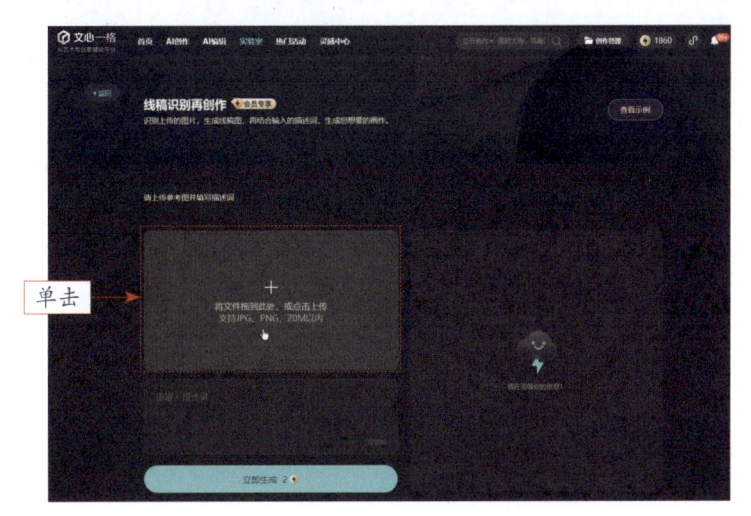

图 8-41 单击"将文件拖到此处，或点击上传"按钮

**STEP 03** 执行操作后，弹出"打开"对话框，选择相应的参考图，如图8-42所示。

**STEP 04** 单击"打开"按钮，即可上传参考图，如图8-43所示。

图 8-42 选择相应的参考图　　　　图 8-43 上传参考图

**STEP 05** 输入相应的提示词，单击"立即生成"按钮，即可生成对应的线稿图和效果图，如图8-44所示。

图 8-44 生成对应的线稿图和效果图

**STEP 06** 通过"线稿识别再创作"功能可以让AI在线稿图的基础上再次创作，生成全新的画作，参考图与效果图对比如图8-39所示。参考图为扁平风格的插画，效果图则为写实风格的照片，两张图的画面内容和构图方式完全一样。

## 8.3.3 运用示例模型生成图像

【效果对比】：文心一格为用户预制了多款示例模型，用户也可以定制并发布自己的专属模型,效果如图 8-45 和图 8-46 所示。

图 8-45 生成相应的图像效果　　　　图 8-46 再次生成相应的图像效果

**STEP 01** 进入文心一格的"一格 AI 实验室"页面,单击下方的"自定义模型"按钮,如图 8-47 所示。

图 8-47 单击"自定义模型"按钮

**STEP 02** 执行操作后,进入"自定义模型"页面,"示例模型"功能默认为开启状态,选择相应的示例模型,单击右侧的"验证预览"按钮,如图 8-48 所示。

**STEP 03** 执行操作后,进入"验证预览"页面,可以预览该模型的验证图,如图 8-49 所示。

**STEP 04** 返回上一个页面,在模型列表中单击该模型右侧的"使用模型"按钮,进入"使用模型"页面,并自动加载所选的自定义模型,输入相应的正向提示词和反向提示词(即不希望出现的内容),如图 8-50 所示。

**STEP 05** 在下方继续设置"验证图尺寸"为"方图"、"与训练图像内容的贴合度"为7、"数量"为1，尽可能让出图效果贴合训练图像内容，如图8-51所示。

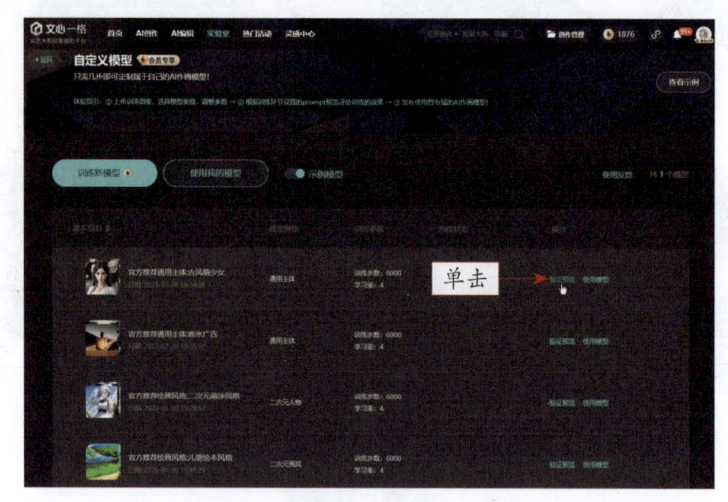

图 8-48 单击"验证预览"按钮

图 8-49 预览该模型的验证图

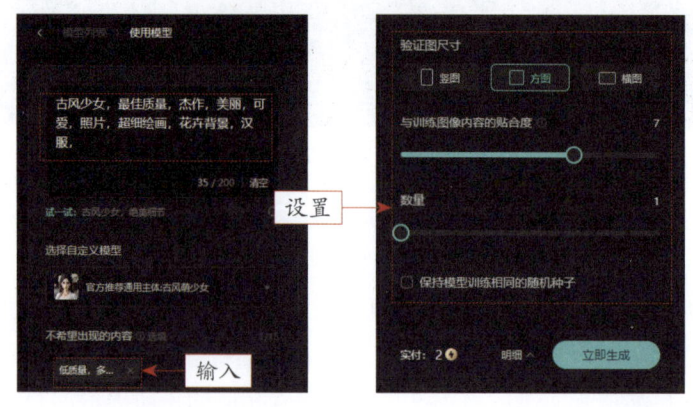

图 8-50 输入相应的提示词　　图 8-51 设置相应参数

STEP 06 单击"立即生成"按钮,生成相应的图像,其整体风格与该模型的训练图像内容相似,效果如图 8-45 所示。

STEP 07 选中"保持模型训练相同的随机种子"复选框,固定图像的随机种子,单击"立即生成"按钮,再次生成相应的图像,其人物的效果与训练图像内容基本一致,效果如图 8-46 所示。

## 8.3.4 训练专属模型生成图像

【效果对比】：文心一格支持自定义模型训练功能,用户可以根据自己的需求,训练专属的自定义模型,实现更个性化、高效的 AI 创作方式,效果如图 8-52 所示。

图 8-52 训练专属模型生成的图像效果

STEP 01 进入"自定义模型"页面,单击"训练新模型"按钮,如图 8-53 所示。

图 8-53 单击"训练新模型"按钮

STEP 02 执行操作后,进入"训练新模型"页面,修改新模型的名称,在"模型训练图集"选项区中上传多张图片,如图 8-54 所示。注意,上传的二次元人物需要确保为同一个人且画质清晰,最少要上传 5 张图片。

图 8-54 上传多张图片

**STEP 03** 在"训练参数设置"选项区中,设置"模型类别"为"二次元人物"、"设置二次元人物类型"为"女孩",在"二次元人物标记词"文本框中输入"1 女孩",可以为二次元人物取名做标记,方便后续在 Prompt 中带入标记词(如"1 女孩在海边"),如图 8-55 所示。

图 8-55 输入二次元人物标记词

**STEP 04** 在"高级设置"选项区中,可以设置"迭代步数"和"学习率"参数,建议保持默认设置即可,选中"我拥有训练图集的版权"复选框,单击"下一步"按钮,如图 8-56 所示。"迭代步数"用于设置模型的训练步数,步数越高,画面细节越丰富,但不会无限增强。另外,训练图不同,最优的"学习率"档位也不同,用户可以尝试调整,以求获得更好的模型训练效果。

**STEP 05** 进入"设置效果验证 Prompt(选填)"页面,在"效果验证 Prompt"文本框中输入多条验证 Prompt,单击"添加"按钮,添加效果验证 Prompt(5~10 条),如图 8-57 所示。

第 8 章 运用 AI 模型训练探索更多绘画功能

图 8-56 单击"下一步"按钮

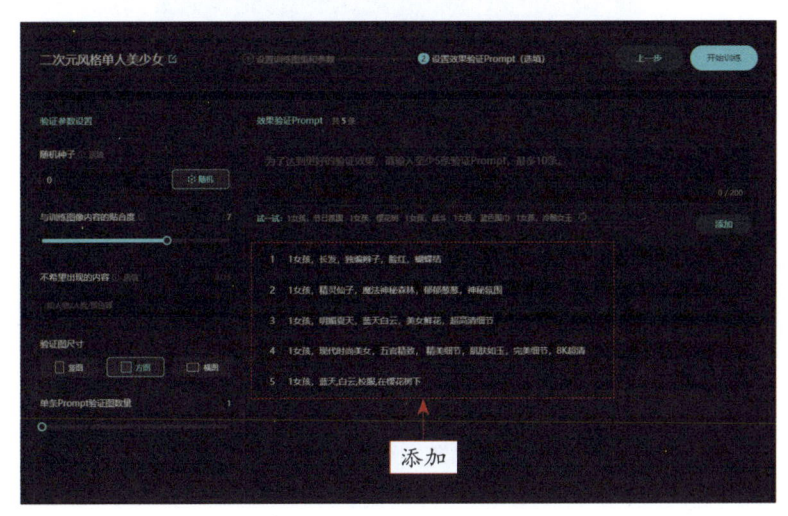

图 8-57 添加效果验证 Prompt

**STEP 06** 在左侧的"验证参数设置"选项区中,单击"随机"按钮,产生一个随机种子,会对训练结果产生较大的影响。设置"与训练图像内容的贴合度"为 7,参数值越高,生成的图片和训练图集越相似,但与 Prompt 的相关度会变低;参数值越低,生成的图片和训练图集越不像,但与 Prompt 的相关度会变高。在"不希望出现的内容"文本框中输入反向提示词,减少该内容出现的概率,反向提示词可叠加。其他参数保持默认设置即可,单击"开始训练"按钮,如图 8-58 所示。

**STEP 07** 执行操作后,弹出"模型训练电量消耗"对话框,显示模型训练需要消耗的"电量"和相关说明信息,单击"确认"按钮,如图 8-59 所示。

**STEP 08** 返回"自定义模型"页面,在模型列表的下方即可看到新创建的自定义模型,并出现"模型训练中"的提示信息,同时会显示模型训练的预计时间,如图 8-60 所示。

**STEP 09** 模型训练完成后,显示"训练完成 - 待发布"信息,单击右侧的"验证预览"按钮,如图 8-61 所示。

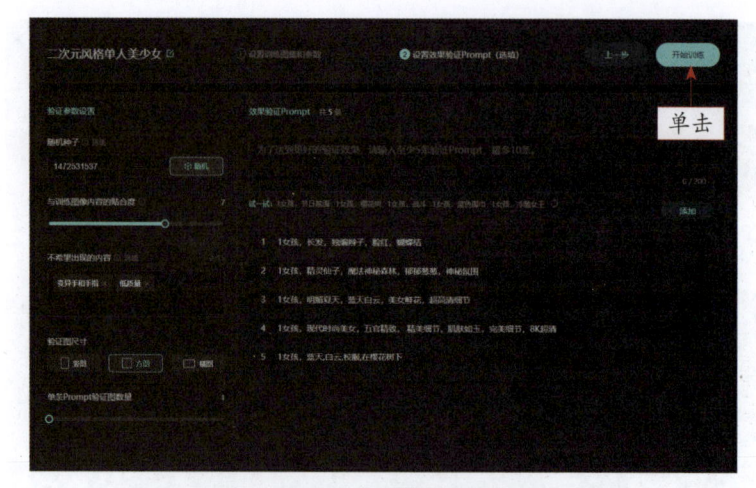

图 8-58 单击"开始训练"按钮

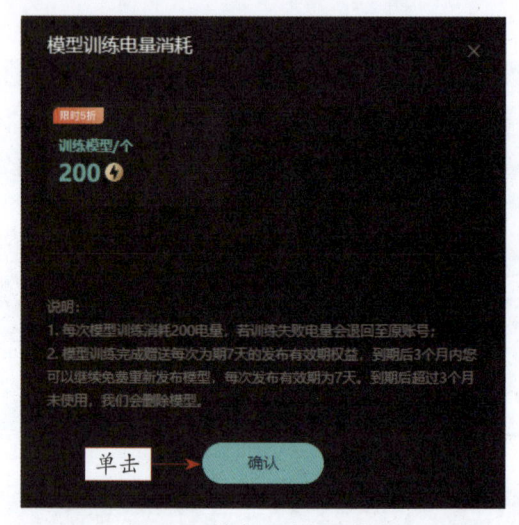

图 8-59 单击"确认"按钮

图 8-60 显示模型训练的预计时间

## 第 8 章 运用 AI 模型训练探索更多绘画功能

图 8-61 单击"验证预览"按钮

**STEP 10** 执行操作后，进入"验证预览"页面，查看模型的验证图和训练参数，确认无误后单击"发布模型"按钮，如图 8-62 所示。

图 8-62 单击"发布模型"按钮

**STEP 11** 执行操作后，弹出信息提示框，提示用户模型发布的相应使用规则，单击"立即发布"按钮，如图 8-63 所示。

**STEP 12** 执行操作后，即可发布模型。返回模型列表，单击"使用模型"按钮，如图 8-64 所示。

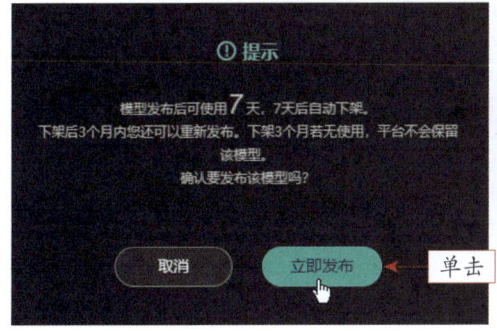

图 8-63 单击"立即发布"按钮　　图 8-64 单击"使用模型"按钮

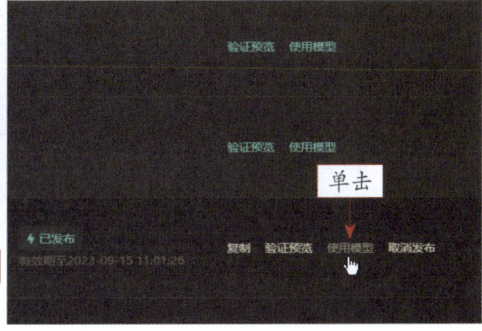

**STEP 13** 执行操作后，进入"使用模型"页面，并自动加载新创建的自定义模型，输入相应的提示词，设置"数量"为 2，如图 8-65 所示。注意，在 Prompt 中可以带入之前给人物取名的标记词，强调该人物出现在画面中。

> ▶ 专家指点
>
> 　　通过模型训练，AI 模型可以学习到训练图集的画风，如人物形象、画面布局、色彩影调、笔触类型、绘画风格等。训练模型一般需要 30 ~ 120 分钟，完成后即可查看图片验证模型是否符合自己的需求。

139

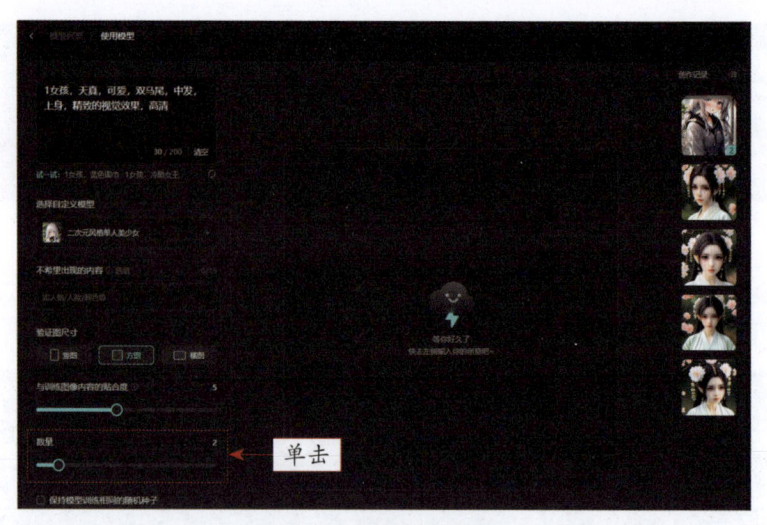

图 8-65 设置相应的参数

STEP 14 单击"立即生成"按钮，生成相应的图像，效果如图 8-66 所示。

图 8-66 生成相应的图像效果

STEP 15 放大预览图像，效果如图 8-52 所示，可以看到，通过自定义模型生成的图像可以完美复刻训练图集的风格。

绘画实战篇

# 第 9 章
# 风景水墨画绘画实战案例

水墨画是绘画艺术的一种常见形式,其具有独特的风格和绘画技巧,还具有深刻的文化意义。本章将介绍风景水墨画绘画实战案例,帮助大家建立 AI 绘制水墨画的思路。

## 9.1 生成绘制水墨画的指令

【效果展示】：水墨画通常以自然景观为主题，如山脉、河流、湖泊和植物，强调表现自然界的宏伟和壮丽，因此在用 ChatGPT 生成绘画指令时，应提供明确的绘画主题。ChatGPT 给出的绘画指令如图 8-1 所示。

> 请翻译为英文

> Create a landscape painting: choose canvas size, create a gradient sky, mountains, water, add scenic elements and lighting, refine details, to craft a naturally captivating scene.

图 8-1 ChatGPT 给出的绘画指令

**STEP 01 提出要求：** 在 ChatGPT 中输入提示词"假如你是一位 AI 绘画师，请为我提供一段山水画 AI 绘画指令"，ChatGPT 的回答如图 8-2 所示。

> 当你要求一个AI绘画一幅山水画时，你可以提供以下指令，以帮助模型理解你的需求：
>
> 1. 主题和氛围
>    - 绘制一幅宁静的山水画。
>    - 绘制一幅夏季山水画，突出绿树和蓝天。
>    - 绘制一幅秋天山水画，突出红叶和温暖的阳光。
> 2. 具体元素
>    - 绘制一座覆盖着雪的山脉，山脚下有一个冰冻的湖泊。
>    - 在画中加入一条宽阔的河流，有一座小桥横跨其上。
>    - 在山谷中画出一些松树，给画面增添一些深度。
> 3. 色彩和风格
>    - 使用柔和的蓝色和绿色，营造宁静感。
>    - 添加渐变的橙色和红色来突出夕阳的效果。
>    - 使用水彩风格或油画风格。
> 4. 透视和构图
>    - 将山脉远近分明，创造远景效果。
>    - 使用对角线构图，以引导观众的目光。
>    - 确保天空和地面的比例合适，以保持平衡。
> 5. 其他要求
>    - 请保留空间，以便可以添加任何额外的元素或文字。
>    - 画中可以加入一只飞鸟或一只小船，以增加画面的生动感。
>    - 如果有特定的想法或图像参考，可以提供，以帮助AI更好地理解你的意图。
>
> 以上是一些指导性的指令，以帮助你描述你想要的山水画。你可以根据自己的喜好和创意进一步细化这些指令。然后，AI绘画工具可以根据这些指令生成一幅符合你期望的山水画。

图 8-2 ChatGPT 生成的相关回答

**STEP 02 细化要求：** 继续在 ChatGPT 中输入提示词，如"请整合上述建议，为我提供一段山水画的 AI 绘画指令，40 字左右"，ChatGPT 的回答如图 8-3 所示。

图 8-3 得到 ChatGPT 提供的关键词

**STEP 03 获得翻译：** 在 ChatGPT 的输入框中输入提示词"请翻译为英文"，ChatGPT 即可将前面生成的关键词翻译为英文，效果如图 8-1 所示。

## 9.2 调整指令生成水墨画

【效果展示】：将 ChatGPT 生成的山水画绘画指令进行微微调整，并输入 Midjourney 的输入框中，通过 Midjourney 工具生成完整的水墨画，效果如图 8-4 所示。

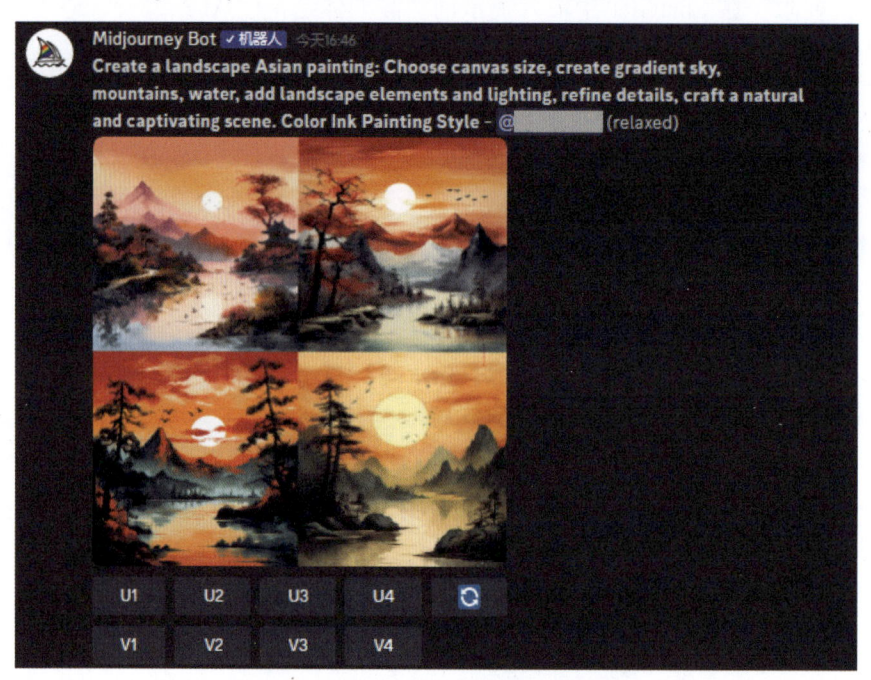

图 8-4 Midjourney 生成的水墨画效果

**STEP 01 选择指令：** 在 Midjourney 下面的输入框内输入"/"，在弹出的列表框中选择"imagine"指令，通过"imagine"指令输入翻译好的英文关键词，并在其后面添加风格关键词"Color Ink Painting Style"（彩色水墨画风格），如图 8-5 所示。

第 9 章 风景水墨画绘画实战案例

```
/imagine
prompt  Create a landscape Asian painting: Choose canvas size, create gradient sky, mountains,
        water, add landscape elements and lighting, refine details, craft a natural and
        captivating scene. Color Ink Painting Style    ← 添加
```

图 8-5 添加风格关键词

**STEP 02** **生成图片：** 按【Enter】键确认，生成添加风格后的图片效果如图 8-4 所示。

## 9.3 添加参数优化画作细节

【**效果展示**】：用户可以使用 Midjourney 的一些绘画参数，让水墨画看起来更有艺术感，效果如图 8-6 所示。

图 8-6 Midjourney 优化后的水墨画效果

**STEP 01** **提升艺术性：** 在 Midjourney 中通过"imagine"指令输入上一步骤的英文关键词，并继续添加指令"--s 50"和"--ar 16:9"，让画面更富有艺术创造力，如图 8-7 所示。

145

```
/imagine
prompt  Create a landscape Asian painting: Choose canvas size, create gradient sky, mountains,
        water, add landscape elements and lighting, refine details, craft a natural and
        captivating scene. Color Ink Painting Style --s 50 --ar 16:9   ← 添加
```

图 8-7 添加相应的关键词

**STEP 02** **生成图片**：生成相应的图片，如图 8-8 所示。单击"U1"按钮和"U3"按钮，放大第 1 张和第 3 张图片，效果如图 8-6 所示。

图 8-8 生成相应的图片

▶ **专家指点**

水墨画主要运用墨色的变化来表现色彩的层次感，生成的画作容易偏淡，加入色彩可以使水墨画的画面色彩更加明艳，从而给人眼前一亮的感觉。

用户在运用 AI 生成水墨画作品时，应尽量提供明确的主题，即说明画面主要包括哪些元素。山景、湖景、竹子、花卉等都可以作为水墨画的主要绘制对象。

# 第 10 章
# 美食油画绘画实战案例

油画是一种使用油性颜料在画布上创造艺术图像的绘画形式,其以丰富的色彩、持久性、可塑性和艺术表现力而著称,被广泛用于绘制各种类型的艺术作品。本章将为大家介绍美食油画绘画实战案例。

## 10.1 生成绘制美食油画的指令

【效果展示】：用户提供具体的提示词给 ChatGPT，可以让 ChatGPT 生成绘制美食主题的油画指令，如图 10-1 所示。

> CH 请翻译成英文
>
> "Please create an oil painting of a culinary scene, inspired by the style of Leonardo da Vinci. The food in the painting should feature rich colors and lighting, emphasizing details. The background can be an old restaurant or courtyard. The artwork can be sized at 18 inches × 24 inches."

图 10-1 ChatGPT 给出的油画绘制指令

**STEP 01 提出问题**：在 ChatGPT 中输入提示词"你现在是一位 AI 绘画师，请提供一些生成油画风格作品的指令建议"，ChatGPT 的回答如图 10-2 所示。

> CH 你现在是一位AI绘画师，请提供一些生成油画风格作品的指令建议
>
> 当您想要生成油画风格的作品时，您可以使用以下指令建议来引导AI绘画师。
>
> 1. 主题：首先，明确您想要绘制的主题或对象，是风景、人物、抽象艺术还是其他？提供关于主题的详细描述。
> 2. 色调：指定所需的色调。例如，您可以要求暖色调、冷色调或任何其他特定的色彩要求。
> 3. 笔触和纹理：描述所需的油画风格的笔触和纹理。是否希望看到浓重的油彩厚涂或者更细腻的笔触？
> 4. 光照效果：说明关于光照和阴影的期望。您可以要求强烈的对比度或柔和的光照效果。
> 5. 情感和情绪：传达您希望作品传达的情感和情绪。例如，如果您想要一幅宁静的风景画或一幅充满激情的抽象作品，请明确表达。
> 6. 背景和元素：提供关于背景和其他元素的要求。这些元素可能影响整幅作品的氛围。
> 7. 艺术家参考：如果有某位油画艺术家的作品风格或作品特定方面的参考，请提供相关信息。
> 8. 尺寸和比例：确定所需作品的尺寸和比例。
>
> 以下是一个示例指令建议：
>
> "我想要一幅油画风格的风景画，色调应该是温暖的，笔触要厚涂，画面具有光照效果并带有浓烈的对比度。我希望画中的树木和湖泊能传达出宁静和宜人的感觉。作品的尺寸应为16英寸x20英寸。如果可能的话，请参考卢浮宫的一幅油画来创作这幅作品，以获得类似的风格。"

图 10-2 ChatGPT 生成的相关回答

**STEP 02 提出要求**：继续在 ChatGPT 中输入提示词，如"请结合上述建议，提供一幅美食油画的 AI 绘画指令示例，模仿达·芬奇的绘画风格，字数在 50 字以内"，ChatGPT 的回答如图 10-3 所示。

第 10 章 美食油画绘画实战案例

> CH 请结合上述建议，提供一幅美食油画的AI绘画指令示例，模仿达·芬奇的绘画风格，字数在50字以内

> 🟢 "请为我创作一幅美食油画，借鉴达·芬奇的风格。画中的美食应有丰富的色彩和光照效果，强调细节。背景可以是古老的餐厅或院落。作品尺寸可为18英寸x24英寸。"

图 10-3 得到 ChatGPT 提供的关键词

**STEP 03 得到英文**：在 ChatGPT 中输入提示词"请翻译成英文"，ChatGPT 即可将前面生成的关键词翻译为英文，效果如图 10-1 所示。

## 10.2 输入指令生成美食油画

【效果展示】：将 ChatGPT 生成的英文指令作为绘画关键词输入 Midjourney 中，Midjourney 会发挥艺术创想，生成与关键词对应的美食油画，效果如图 10-4 所示。

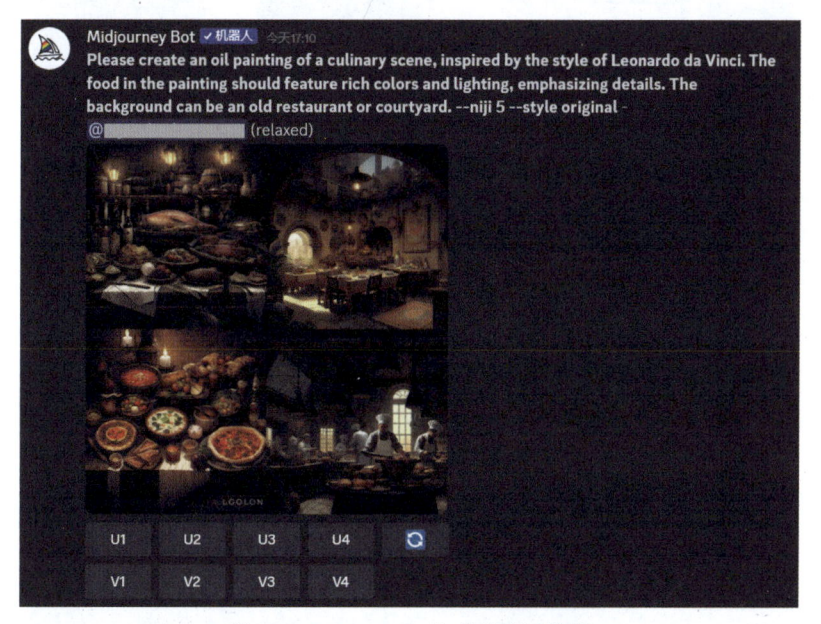

图 10-4 Midjourney 生成的油画效果

**STEP 01 选择指令**：将 ChatGPT 提供的 AI 绘制美食油画的关键词进行适当修改，并输入 Midjourney 的"imagine"指令的后方，如图 10-5 所示。

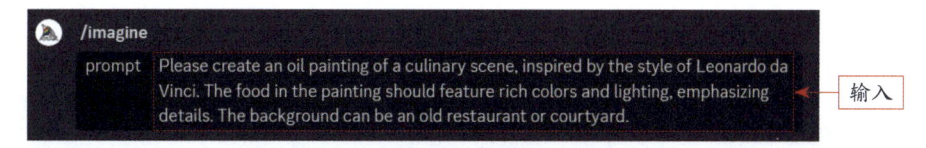

图 10-5 输入关键词

**STEP 02 生成图片**：按【Enter】键确认，生成的图片效果如图 10-4 所示。

为了防止 Midjourney 在初次识别关键词时，忽略画面主体，导致生成的油画内容不完整，在首次输入关键词时，用户可以删去一些尺寸方面的提示词。

## 10.3 添加参数优化美食油画

【效果展示】：用户可以在 Midjourney 中添加一些绘画参数，例如：增加 quality 参数，让油画的画质看起来更精致；增加 stylize 参数，让油画更有艺术性；还可以增加 aspect rations 参数，修改尺寸，增加美感，效果如图 10-6 所示。

图 10-6 Midjourney 优化后的油画效果

**STEP 01 提升艺术性**：在 Midjourney 中通过 "imagine" 指令输入上一步骤的英文关键词，并继续添加指令 "--q 10" 和 "--s 20"，让画面更富有艺术创造力，如图 10-7 所示。

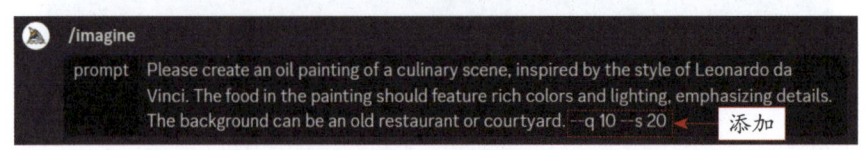

/imagine
prompt Please create an oil painting of a culinary scene, inspired by the style of Leonardo da Vinci. The food in the painting should feature rich colors and lighting, emphasizing details. The background can be an old restaurant or courtyard. --q 10 --s 20 ← 添加

图 10-7 添加相应的指令

STEP 02 **生成图片**：生成相应的图片，效果如图 10-8 所示。

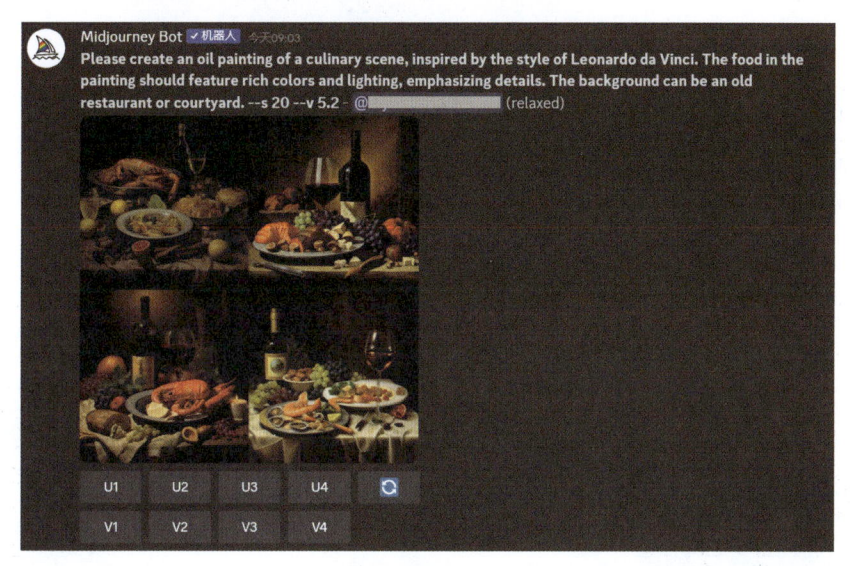

图 10-8 生成相应的图片效果

STEP 03 **更改尺寸**：在 Midjourney 中继续添加指令"--ar 16:9"，如图 10-9 所示，让画面以横图的方式呈现，展现更多的细节。

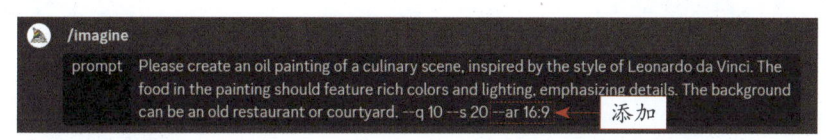

图 10-9 继续添加相应的指令

STEP 04 **生成油画**：Midjourney 生成的图片效果如图 10-10 所示。单击"U2"按钮和"U3"按钮，放大第 2 张和第 3 张图片，效果如图 10-6 所示。

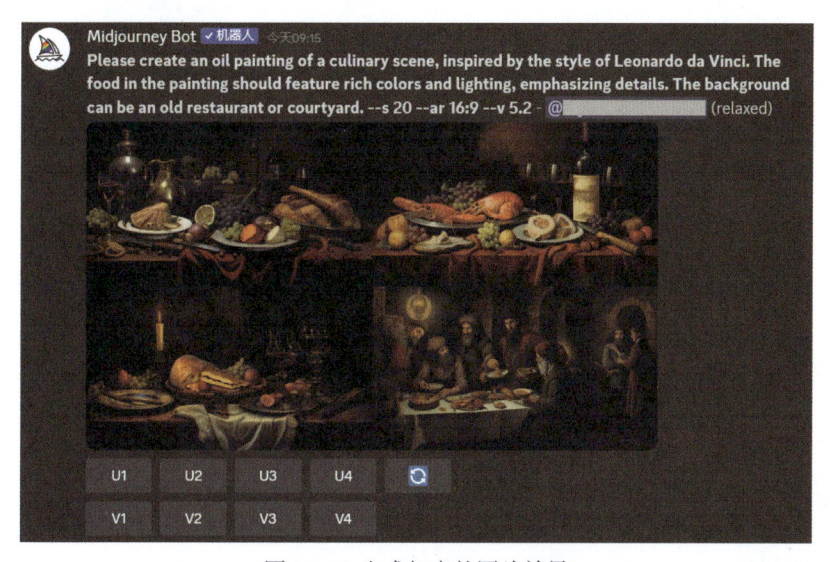

图 10-10 生成相应的图片效果

# 第 11 章
# 人像素描画绘画实战案例

素描画是一种以单色线条来表现事物的绘画方式。它通常以肖像和风景为主体,可以用来表达观点、表明态度或传达价值观。用户巧妙地运用 AI 工具,能够快速获得素描画。本章将介绍人像素描画绘画实战案例。

# 11.1 上传参考图绘制素描画

【效果展示】：Midjourney 的优势在于绘制色彩丰富、颜色鲜艳的艺术画，而运用 Midjourney 的"以图生图"功能可以让它生成不同风格的画作，如素描画，如图 11-1 所示。

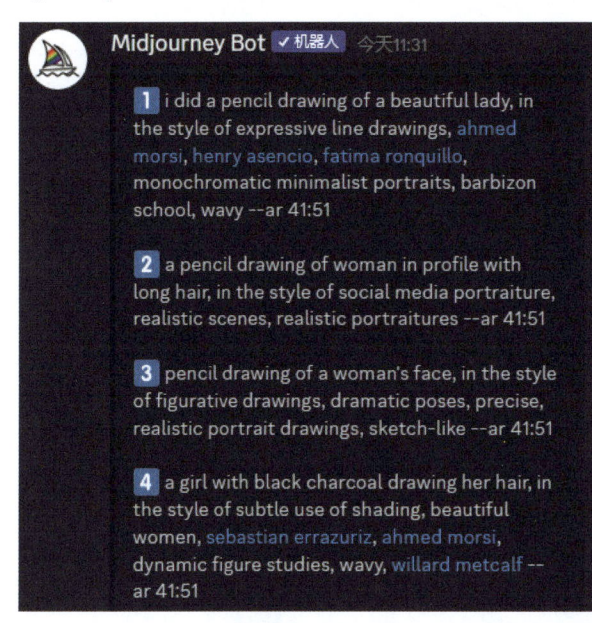

图 11-1 上传参考图绘制素描画

**STEP 01 选择指令**：在 Midjourney 中选择"describe"指令，单击"上传"按钮，如图 11-2 所示。

**STEP 02 上传图片**：弹出"打开"对话框，选择相应的图片，单击"打开"按钮将图片添加到 Midjourney 的输入框中，如图 11-3 所示。

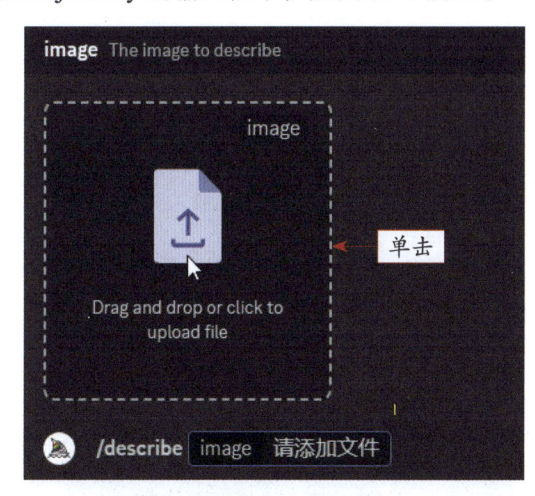

图 11-2 单击"上传"按钮

图 11-3 单击"打开"按钮

STEP 03 **生成图片**：按两次【Enter】键确认，随后 Midjourney 会根据用户上传的图片生成 4 段关键词和参考图，如图 11-1 所示。

## 11.2 复制链接生成素描画

【效果展示】：在使用"describe"指令生成图像关键词之后，可以复制图片的链接，再选择一个与图片匹配度高的关键词，即可向 Midjourney 提交申请生成人像素描画，效果如图 11-4 所示。

图 11-4 复制链接生成的素描画效果

STEP 01 **复制图像链接**：单击生成的图片，在弹出的预览图中单击鼠标右键，在弹出的快捷菜单中选择"复制图片地址"选项，如图 11-5 所示，复制参考图的图片链接。

STEP 02 **选择关键词**：单击图片下方的"2"按钮，如图 11-6 所示，选择第 2 段绘画关键词。

图 11-5 选择"复制图片地址"选项　　图 11-6 单击"2"按钮

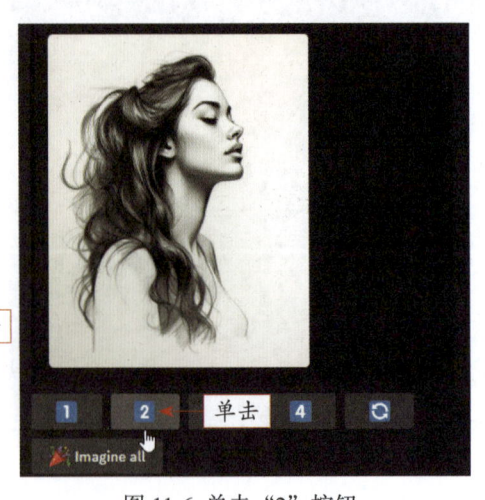

STEP 03 **粘贴图片链接：** 执行操作后，弹出申请对话框，粘贴图片链接，如图 11-7 所示。注意，图片链接与关键词之间要有空格。

STEP 04 **单击按钮：** 执行操作后，单击"提交"按钮，如图 11-8 所示。

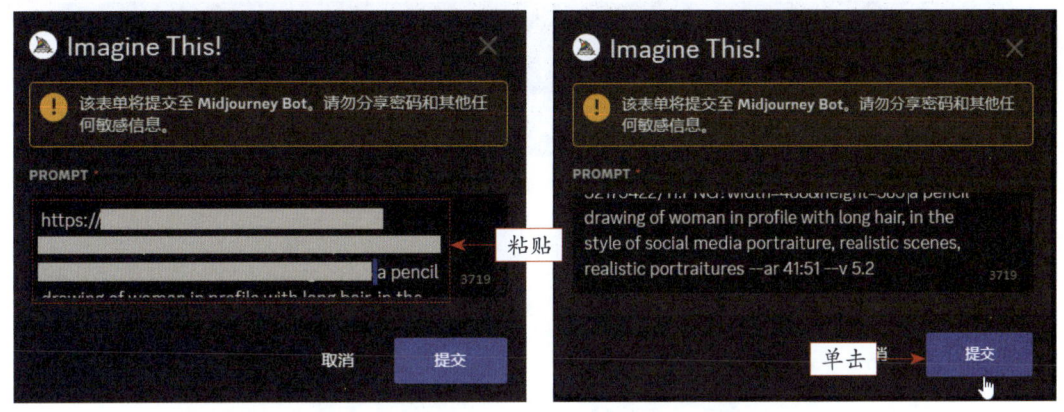

图 11-7 粘贴图片链接　　　　　　图 11-8 单击"提交"按钮

STEP 05 **生成图片：** 稍等片刻，即可生成人像素描画，效果如图 11-4 所示。

# 11.3 添加关键词优化素描画

【**效果展示**】：在上一小节中，通过复制链接和选择关键词的方式生成了 4 张人像素描画，可以看出，所生成的素描画的素描特征略显不足，因此我们需要在 Midjourney 中添加指令对素描画进行优化，效果如图 11-9 所示。

图 11-9 添加指令优化素描画的效果

155

**STEP 01 添加关键词：** 在上一例关键词的基础上，再添加关键词"Strong lead ink style"（强烈的铅墨风格）和参数"--iw 2"，并输入"imagine"指令中，如图 11-10 所示。图片的素描风格会增加，且更加贴切参考图的风格。

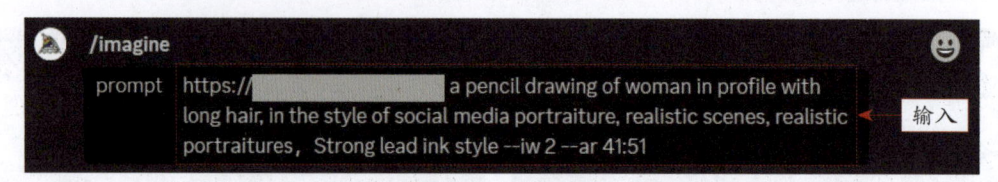

图 11-10 输入关键词

**STEP 02 生成素描画：** 按【Enter】键确认，随后 Midjourney 会生成新的人像素描画，如图 11-11 所示。

图 11-11 生成新的人像素描画

**STEP 03 放大图像：** 单击"U1"按钮和"U2"按钮，放大第 1 张和第 2 张图像，具体效果如图 11-9 所示。

# 第 12 章
## 动物工笔画绘画实战案例

工笔画，也称"细笔画"，与"写意画"相似，属于工整细致一类画法。这类绘画的主要特征是精雕细刻，兼具细节与质感，极具审美价值。用户提供给 AI 工具提示词，可以获得相应的工笔画。本章将介绍动物工笔画绘画实战案例。

# 12.1 获得绘画关键词建议

【效果展示】：运用文心一言或 ChatGPT 可以获得一些 AI 绘制动物工笔画的灵感。文心一言提供的绘画关键词建议如图 12-1 所示。

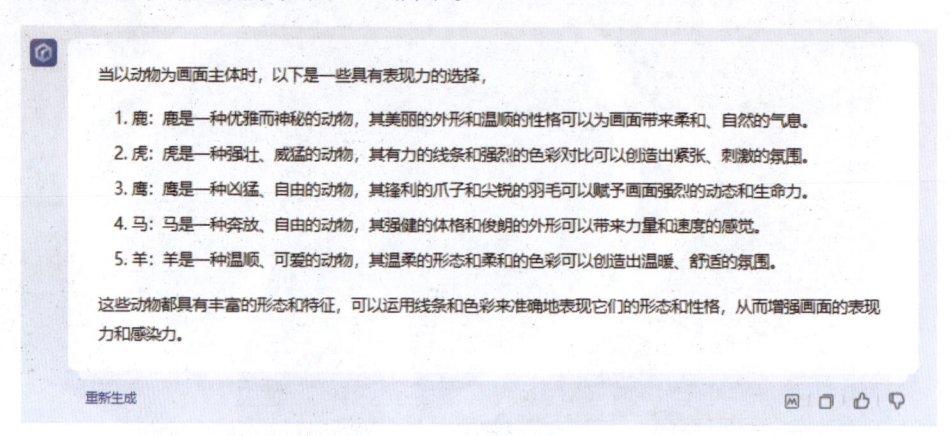

图 12-1 文心一言提供的绘画关键词建议

**STEP 01 输入提示词：** 打开文心一言，在其输入框中输入提示词，如"请你充当绘画方面的专家，提供绘制工笔画的建议"，如图 12-2 所示。

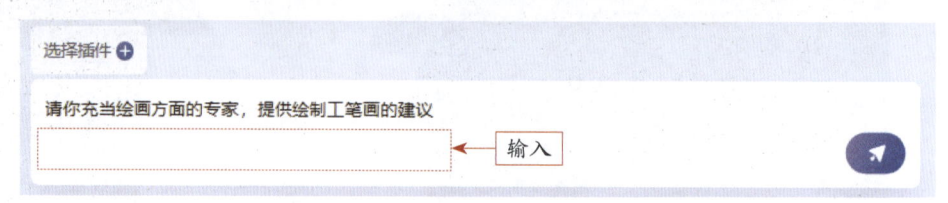

图 12-2 输入关键词（1）

**STEP 02 获得指令参考：** 按【Enter】键确认，文心一言会提供绘制工笔画的建议，如图 12-3 所示。

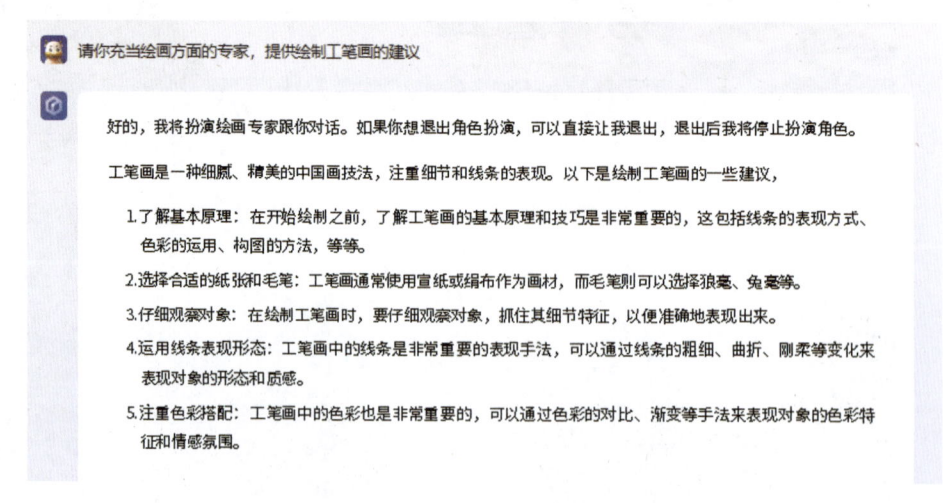

第 12 章 动物工笔画绘画实战案例

6.反复练习：毛笔画需要进行不断的练习和磨炼，只有通过不断的实践才能提高自己的技能和表现水平。

总之，绘制工笔画需要有一定的基础知识和技巧，同时也需要不断的实践和探索。希望这些建议能够帮助你更好地掌握工笔画技法。

图 12-3 文心一言提供的绘制工笔画的建议

**STEP 03** **追加提问**：根据文心一言给出的回复，重新组织提示词，进行追加提问，输入"如果以动物为画面主体，可以有哪些具有表现力的选择？"，如图 12-4 所示。

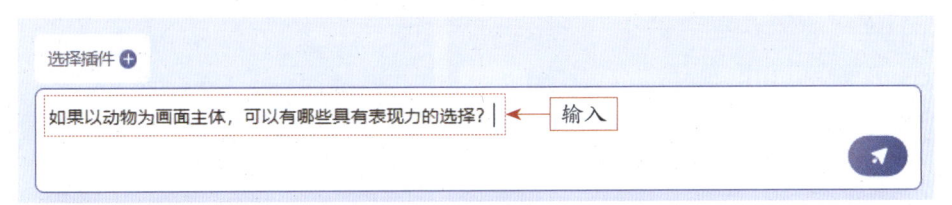

图 12-4 输入提示词（2）

**STEP 04** **再次获得参考**：按【Enter】键确认，文心一言会对追加提问给出回复，如图 12-1 所示。可以看出，文心一言为我们提供了绘制动物工笔画的建议，我们可以参考文心一言的建议，组织语言撰写绘画关键词，让 AI 工具响应并绘制出符合期待的画作。

## 12.2 输入关键词获得工笔画

【效果展示】：根据文心一言的建议，我们可以考虑以"虎"为画面主体来撰写绘画关键词，再提供给文心一格，让文心一格生成动物工笔画，效果如图 12-5 所示。

图 12-5 输入关键词获得的工笔画效果

159

**STEP 01** 输入提示词：进入文心一格，在"AI 创作"选项卡中选择"自定义"选项，输入绘画提示词，如图 12-6 所示。

**STEP 02** 选择相应尺寸：在"选择 AI 画师"选项中选择"具象"选项，并设置绘画"尺寸"为 3:2，如图 12-7 所示。

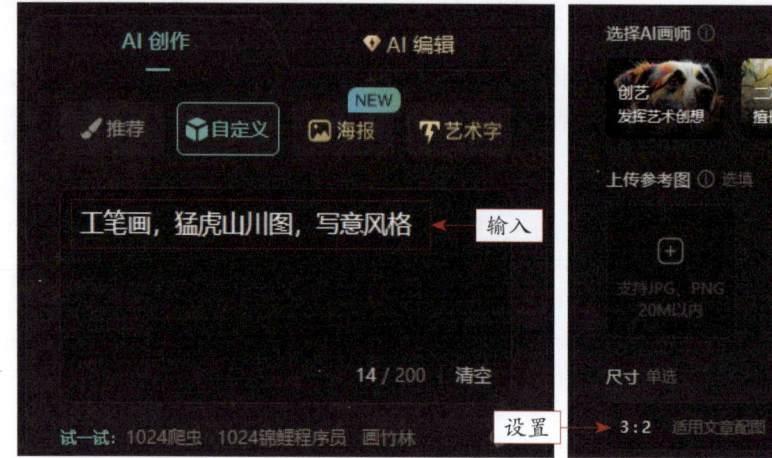

图 12-6 输入绘画提示词

图 12-7 设置绘画尺寸

**STEP 03** 设置其他参数：设置出图"数量"为 1，"画面风格"为"工笔画"，"修饰词"为"精细刻画"，如图 12-8 所示。

**STEP 04** 单击按钮：执行操作后，单击"立即生成"按钮，如图 12-9 所示。

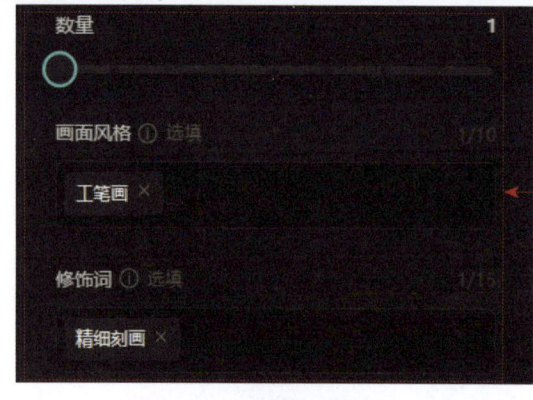

图 12-8 设置相应的参数

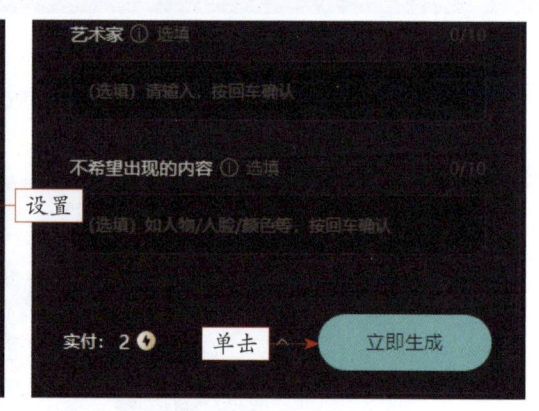

图 12-9 单击"立即生成"按钮

**STEP 05** 生成工笔画：稍等片刻，即可生成动物工笔画，效果如图 12-5 所示。

# 第 13 章
# 水果插画绘画实战案例

  插画,又称"插图",在商业领域应用广泛,尤其是作为宣传海报、产品广告图,既能起到宣传的作用,又可以给受众好的审美体验。在 AI 的帮助下,用户可以获得不同主题的插画。本章将为大家介绍水果插画绘画实战案例。

# 13.1 描述画面主体生成插画

【效果展示】：描述画面主体是指用户需要画一个什么样的东西，要把画面的主体内容讲清楚。我们可以通过 Midjourney 进行绘画，生成画面的主体效果图，如图 13-1 所示。

图 13-1 画面的主体效果图

**STEP 01** 输入关键词：在 Midjourney 中通过"imagine"指令输入带有画面主体描述的关键词，如图 13-2 所示。

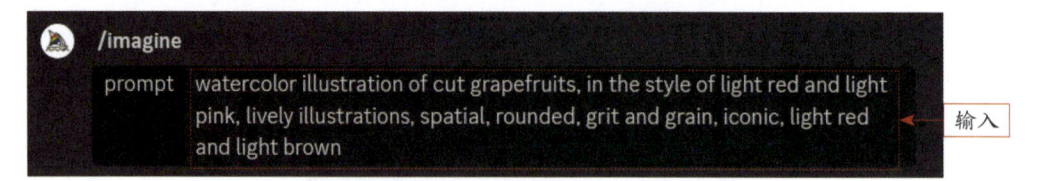

/imagine
prompt  watercolor illustration of cut grapefruits, in the style of light red and light pink, lively illustrations, spatial, rounded, grit and grain, iconic, light red and light brown      ← 输入

图 13-2 输入关键词

**STEP 02** 生成图片：按【Enter】键确认，生成初步的图片，效果如图 13-1 所示。

## 13.2 补充画面细节优化插画

【**效果展示**】：在上一例关键词的基础上，增加一些对画面细节的描述，如"Ultra detailed, realistic"（超细节，逼真），然后再次通过 Midjourney 生成图片，效果如图 13-3 所示。

图 13-3 补充画面细节优化插画的效果

**STEP 01 添加关键词**：在 Midjourney 中通过"imagine"指令复制并粘贴与上一小节相同的关键词，并添加"Ultra detailed, realistic"关键词，如图 13-4 所示。

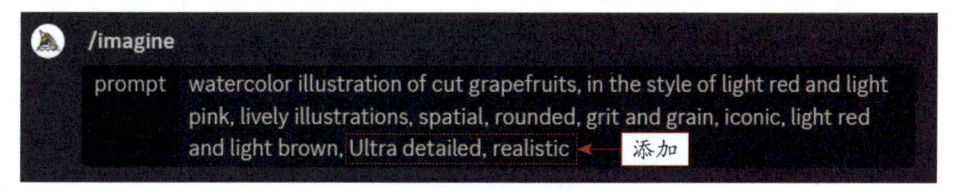

/imagine
prompt watercolor illustration of cut grapefruits, in the style of light red and light pink, lively illustrations, spatial, rounded, grit and grain, iconic, light red and light brown, Ultra detailed, realistic ← 添加

图 13-4 添加绘画关键词

**STEP 02 生成插画**：按【Enter】键确认，即可生成优化后的插画，效果如图 13-3 所示。

▶ 专家指点

用户在用 Midjourney 生成水果插画时，应事先设置好 Midjourney 的版本，如 v 5.1 或 v 5.2，确保生成的图片更贴近提示词，更符合用户的心理预期。

# 第14章
# 二次元漫画绘画实战案例

　　AI模型能够被专门训练用于生成漫画，而且它们可以根据输入的图像或者文本描述来生成二次元漫画。相比手工绘制，它可以在短时间内生成大量图像。与手工绘制卡通漫画不同，使用AI生成二次元漫画不需要具备专业的绘画技能，从而减少了所需的人力资源，让更多人能够参与到漫画的制作中。

## 14.1 生成绘制漫画的关键词

【效果展示】：在生成漫画之前，在 ChatGPT 中生成我们需要用到的绘画关键词，如图 14-1 所示。注意，本文将以卡通漫画作为二次元漫画的代表，来讲解 AI 绘画实战案例。

> 请将这段AI绘画关键词翻译为英文

> Cute characters, bright colors, kitchen scenes, smiles, dessert making, friendship, cooking fun, pink apron, oven, laughter, joyful atmosphere, cozy kitchen, and fresh, whimsical elements.

图 14-1　ChatGPT 给出的绘画关键词

**STEP 01　分析特点：** 在 ChatGPT 中输入提示词，如"一个小清新风格的卡通漫画，漫画的主题为'欢乐厨房'，请你根据漫画的主题，分析出它的特点"，按【Enter】键确认，ChatGPT 会总结出漫画的特点，如图 14-2 所示。

> 一个小清新风格的卡通漫画，漫画的主题为"欢乐厨房"，请你根据漫画的主题，分析出它的特点

> "欢乐厨房"是一个小清新风格的卡通漫画，其特点通常包括以下元素。
>
> 1. 明亮的色彩：小清新风格的漫画通常使用明亮、柔和的色彩，如粉色、薄荷绿色、淡蓝色等，以营造愉快、轻松的氛围。
> 2. 可爱的角色设计：漫画中的角色通常具有可爱的外貌，可能是小动物、童话角色或有着大眼睛和圆脸的人物，以引起读者的喜爱。
> 3. 喜悦和幽默的情节：漫画的情节通常以欢乐、幽默为主题，可能涉及烹饪、食物、烘焙等与厨房相关的活动。
> 4. 随和的氛围："欢乐厨房"往往展现出友好、随和的氛围，人物之间的关系和互动是轻松、融洽的，强调友情、团队合作等积极的价值观。
> 5. 简单的背景和元素：小清新漫画通常将注意力集中在角色和情节上，背景和细节通常相对简单，以保持画面的清新和可读性。
> 6. 与食物相关的元素：作为厨房主题的漫画，它可能突出食物、烹饪工具和厨房环境，以及与之相关的有趣的元素，如食材、烹饪技巧等。
>
> 总之，"欢乐厨房"是一个小清新风格的卡通漫画，清新、可爱、幽默，以欢乐的厨房活动为主题，吸引读者体验轻松、愉快的阅读体验。

图 14-2　ChatGPT 总结出漫画的特点

**STEP 02　生成指令：** 在同一个输入框中继续输入提示词，如"请根据上述漫画的特点，提供一段 AI 绘画关键词示例，字数在 50 字左右"，按【Enter】键确认，ChatGPT 会生成卡通漫画的 AI 绘画关键词，如图 14-3 所示。

**STEP 03　得到英文：** 在 ChatGPT 中输入提示词"请将这段 AI 绘画关键词翻译为英文"，ChatGPT 即可将前面生成的关键词翻译为英文，效果如图 14-1 所示。

> 请根据上述漫画的特点，提供一段AI绘画关键词示例，字数在50字左右

可爱角色，明亮色彩，厨房场景，笑容，甜点制作，友情，烹饪乐趣，粉色围裙，烤箱，笑声，欢乐氛围，温馨厨房，小清新元素。

图 14-3 ChatGPT 生成卡通漫画的 AI 绘画关键词

## 14.2 输入指令生成卡通漫画

【效果展示】：当获得了有效的 AI 绘画指令之后，用户可以将 ChatGPT 生成的英文绘画指令复制、粘贴至 Midjourney 中，运用 niji·journey 生成卡通漫画，效果如图 14-4 所示。

图 14-4 Midjourney 生成的漫画效果

**STEP 01 选择载体：** 在 Midjourney 下面的输入框内输入 "/"，在弹出的列表框中，单击左侧的 "niji·journey Bot" 图标，如图 14-5 所示。在单击图标之前，用户应事先邀请 "niji·journey Bot" 机器人到自己的服务器中，作为备用。

**STEP 02 选择指令：** 执行操作后，在列表框中选择 "imagine" 指令，如图 14-6 所示。

**STEP 03 添加尺寸：** 执行操作后，输入 ChatGPT 生成的绘制漫画关键词，并在末尾处添加 "--ar 4:3" 参数，如图 14-7 所示，改变漫画的画幅。

第 14 章 二次元漫画绘画实战案例

**STEP 04** **生成漫画：** 按【Enter】键确认，即可生成漫画，效果如图 14-4 所示。可以看出，Midjourney 生成了与主题贴切的漫画。

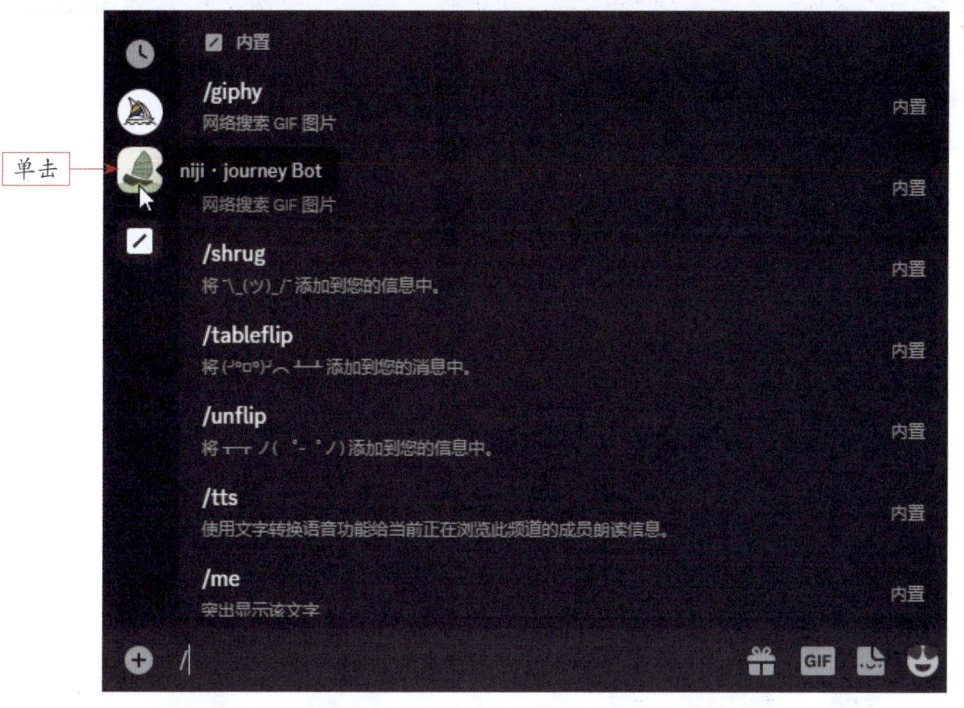

图 14-5 单击"niji·journey Bot"图标

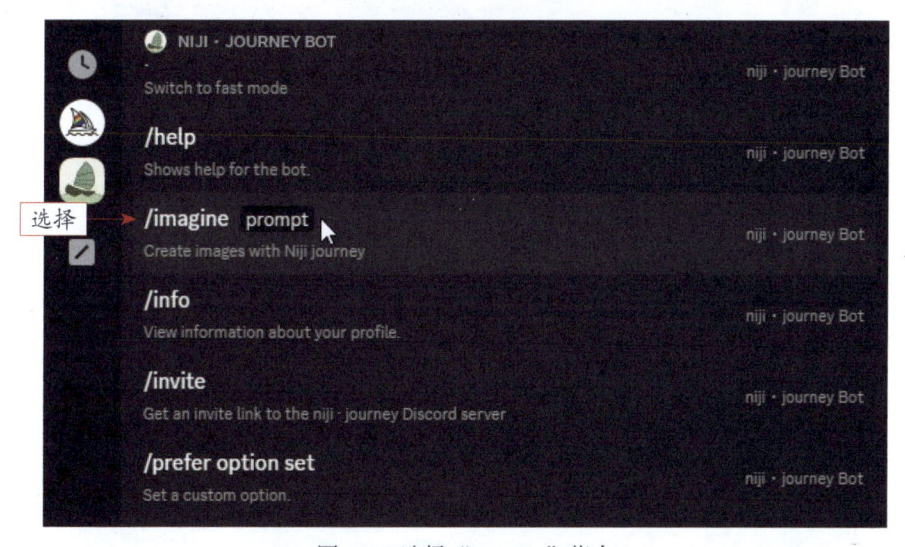

图 14-6 选择"imagine"指令

图 14-7 输入相应的关键词

167

## 14.3 修改风格生成不同的漫画

【效果展示】：上一例使用了 niji·journey 中的默认风格，也就是"Default style"（默认风格）生成的卡通漫画，接下来我们继续使用其他风格绘制卡通漫画，效果如图 14-8 所示。

图 14-8 漫画效果

**STEP 01 添加指令**：在 niji·journey 中通过"imagine"指令输入上一例的关键词，并在关键词的末尾添加指令"--style cute"（可爱风格），如图 14-9 所示。

168

```
prompt  The prompt to imagine

   /imagine
   prompt  Cute characters, bright colors, kitchen scenes, smiles, dessert making,
           friendship, cooking fun, pink apron, oven, laughter, joyful atmosphere, cozy
           kitchen, and fresh, whimsical elements. --style cute --ar 4:3   添加
```

图 14-9 添加可爱风格指令

**STEP 02** **生成漫画**：按【Enter】键确认，即可生成可爱风格的卡通漫画，如图 14-10 所示。

图 14-10 生成可爱风格的卡通漫画

**STEP 03** **放大漫画**：选择第 1 张图进行放大，单击"U1"按钮，如图 14-11 所示。

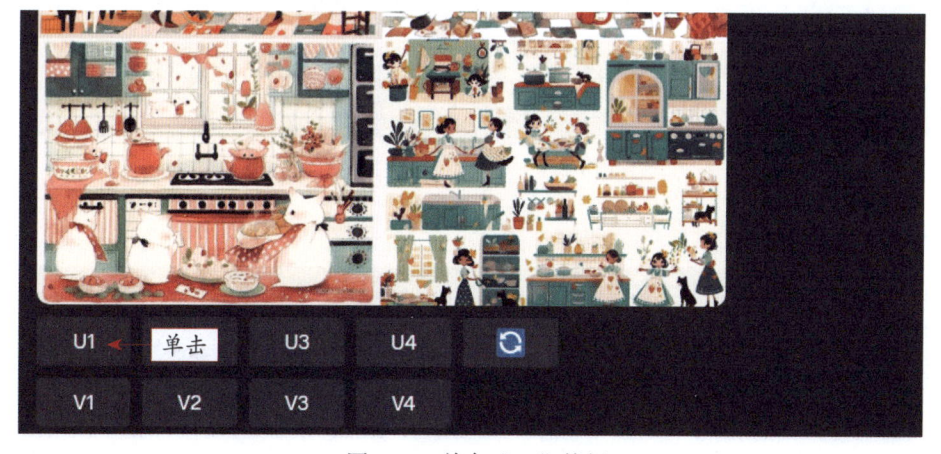

图 14-11 单击"U1"按钮

STEP 04 **查看漫画细节**：执行操作后，niji·journey 将在第 1 张图片的基础上进行更加精细的刻画，并放大图片，效果如图 14-8 所示。

STEP 05 **再次添加指令**：继续在 niji·journey 中通过"imagine"指令输入相同的关键词，并在关键词的末尾添加指令"--style scenic"（场景风格），如图 14-12 所示。

图 14-12 添加场景风格指令

STEP 06 **生成场景风格漫画**：按【Enter】键确认，即可生成场景风格的卡通漫画，如图 14-13 所示。

图 14-13 生成场景风格的漫画

STEP 07 **放大漫画**：选择第 3 张图进行放大，单击"U3"按钮，如图 14-14 所示。

图 14-14 单击"U3"按钮

STEP 08 **查看漫画细节**：执行操作后，niji·journey 将在第 3 张图片的基础上进行更加精细的刻画，并放大图片，效果如图 14-8 所示。

除了用以上的方法切换风格，用户还可以直接使用 niji·journey 通过 "settings" 指令来打开设置面板，在其中选择想要的风格，如图 14-15 所示。

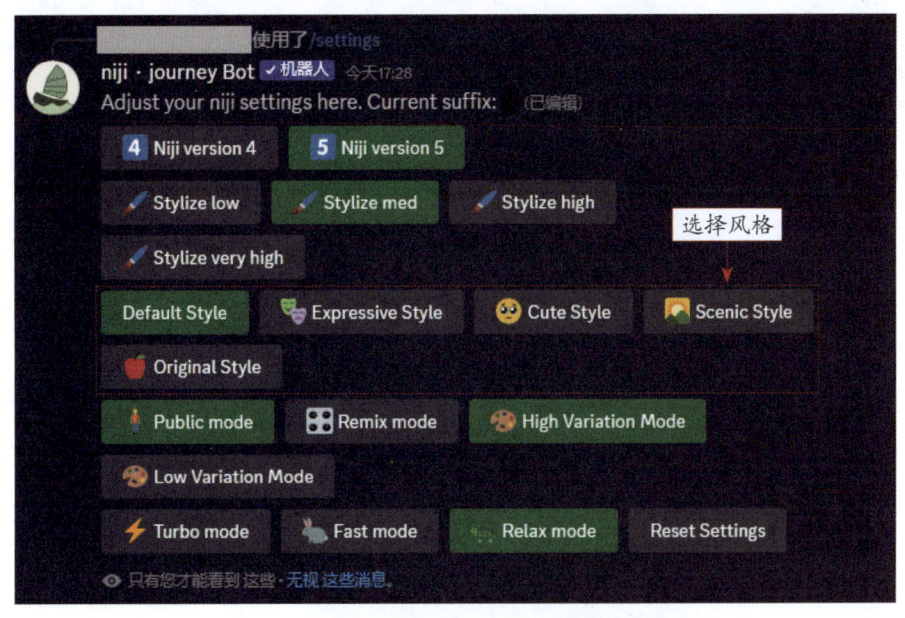

图 14-15 niji·journey 的设置面板

> ▶ 专家指点
>
> "Default style" 是 niji·journey 最新发布的默认风格，可以生成漫画风格的画面。
>
> "Cute style" 在图像表现上更具魅力和治愈性，可以生成更加可爱的漫画效果图，这种风格适用于绘本、贴纸、插画及小清新风格的漫画。另外，"Cute style" 弱化了构图中光线的影响，通常以平面着色的方式生成画面。
>
> "Scenic style" 擅长通过氛围来烘托主要角色，并且能够模拟更为逼真的光线与阴影，提升整体画面的质感，使观众身临其境。"Scenic style" 比较适合叙事风格的图像生成，例如，拉长电影镜头的长宽比，以此提升画面的观感。

# 第 15 章
# 摄影写实作品绘画实战案例

摄影写实作品也是 AI 绘画的一种形式，通过镜头记录世界的精彩瞬间，如用镜头捕捉动物们独特的姿态，传达出自然生命的奇妙。本章将以动物为画面主体来介绍 AI 生成摄影写实作品的操作步骤。

# 15.1 生成野生动物图像

**【效果展示】**：野生动物摄影是摄影艺术形式的一种，专注于拍摄和记录野生动物的图像，运用 AI 工具 Midjourney，可以通过输入关键词生成相应的野生动物图像，效果如图 15-1 所示。

图 15-1 野生动物图像效果

**STEP 01 输入指令**：在 Midjourney 中通过"imagine"指令输入关键词"A fox perches in the snow, professional photography, realistic images, and natural symbolic meanings, Quixel Megascans Render --ar 4:3"（一只狐狸栖息在雪地里，专业摄影，真实的画面，自然的象征意义），如图 15-2 所示。

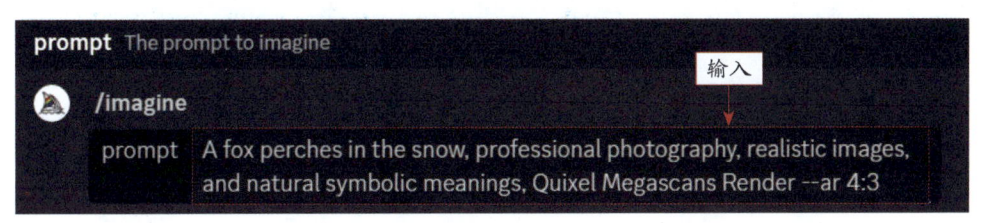

图 15-2 输入关键词

**STEP 02 生成图像**：按【Enter】键确认，生成相应的动物图像，如图 15-3 所示。单击"U3"按钮，放大第 3 张图像，效果如图 15-1 所示。

用户运用 AI 生成摄影写实作品的可选对象有很多，如老虎、狮子、蜥蜴、河马等，一旦确定好画面主体，应在 AI 绘画指令中进行明确地说明。

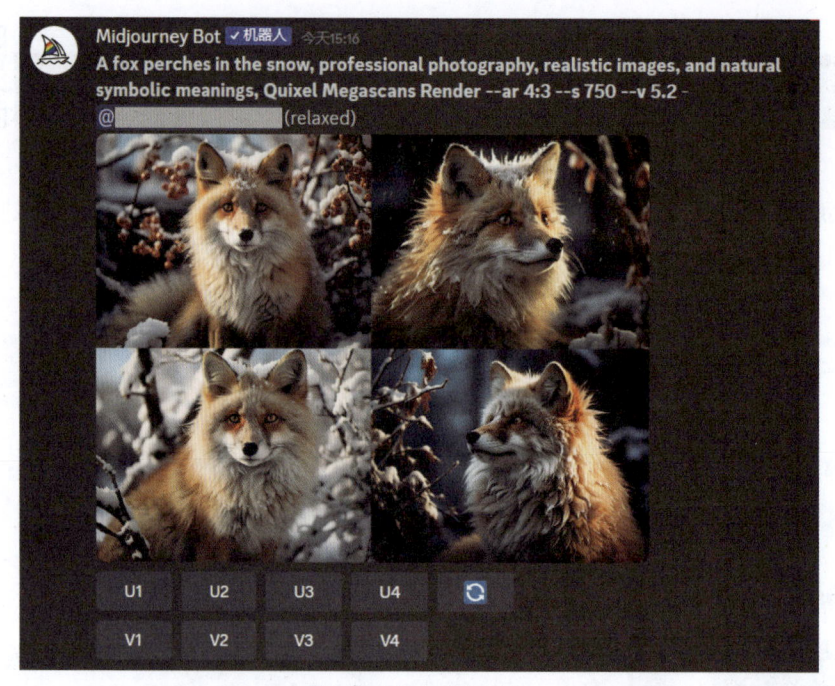

图 15-3 生成动物图像

## 15.2 添加镜头景别关键词

【效果展示】：摄影中常见的镜头景别，如远景、全景、中景、近景、特写等，都可以作为关键词添加到 AI 绘画指令中，让 AI 工具侧重于展现动物的全貌或某一特征。添加"close-up shot"（特写镜头）关键词的图像效果如图 15-4 所示。

图 15-4 添加镜头景别关键词的图像效果

第 15 章 摄影写实作品绘画实战案例

STEP 01 **添加指令**：在 Midjourney 中通过"imagine"指令输入与上一例相同的关键词，并添加"close-up shot"关键词，如图 15-5 所示。

图 15-5 添加关键词

STEP 02 **生成效果**：按【Enter】键确认，生成相应镜头下的动物图像，如图 15-6 所示。单击"U2"按钮，放大第 2 张图像，效果如图 15-4 所示。

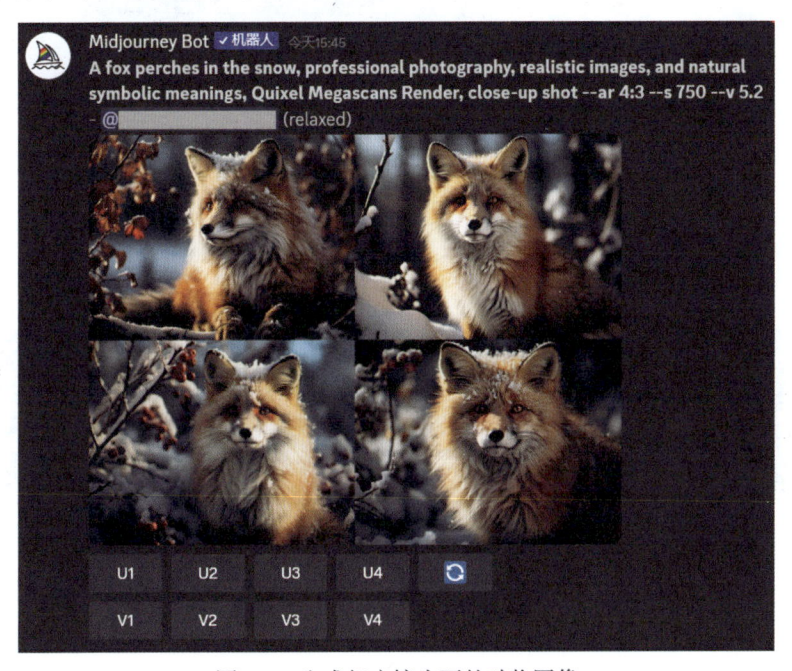

图 15-6 生成相应镜头下的动物图像

另外，还有一种超特写（extreme close-up）景别，它是指将主体对象的极小部位放大呈现于画面中，适用于表现主体的最细微部分或某些特殊效果。超特写镜头非常适合凸显被拍摄对象的细节，如纹理、纤维、纹身等。在 AI 绘画中，使用关键词"extreme close-up"可以更有效地突出画面主体，增强视觉效果，同时直观地传达受众想要了解的信息。

## 15.3 添加画面细节关键词

【效果展示】：为图像添加细节有助于突出摄影写实作品的主体，突出动物的特征，可以更好地传达图像的信息和情感。此外，画面细节还可以帮助传达动物的表情和情感，效果

175

如图 15-7 所示。

图 15-7 添加画面细节后的图像效果

STEP 01 **添加指令：** 在"imagine"指令后输入与上一例相同的关键词，并添加"Ray Tracing"（光线追踪）关键词，如图 15-8 所示。

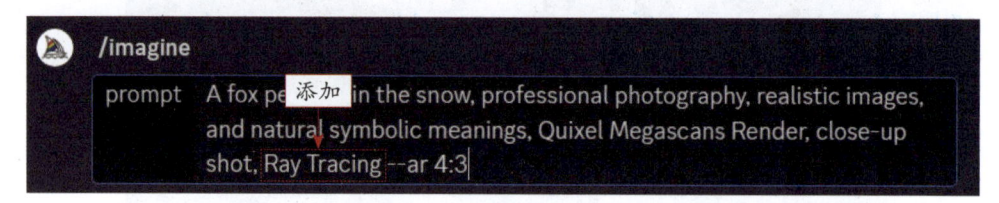

图 15-8 添加相应的关键词

STEP 02 **生成图片：** 按【Enter】键确认，生成添加画面细节后的图像，单击"U4"按钮，放大第 4 张图像，效果如图 15-7 所示。

## 15.4 更换画面的被摄对象

【效果展示】：若用户想要更换画面对象，可以在 Midjourney 中使用混音模式来对画面中的对象进行更换，效果如图 15-9 所示。

STEP 01 **选择指令：** 在 Midjourney 下面的输入框内输入"/"，在弹出的列表框中选择"settings"指令，如图 15-10 所示。

STEP 02 **设置模式：** 按【Enter】键确认，即可调出 Midjourney 的设置面板，在设置面板中，单击"Remix mode"按钮，开启混音模式，如图 15-11 所示。

第 15 章 摄影写实作品绘画实战案例

图 15-9 更换画面对象的图像效果

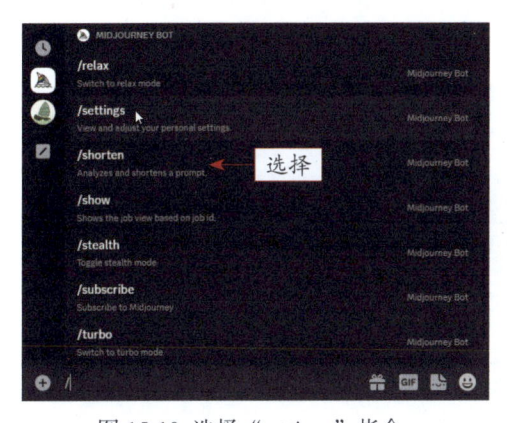

图 15-10 选择"settings"指令

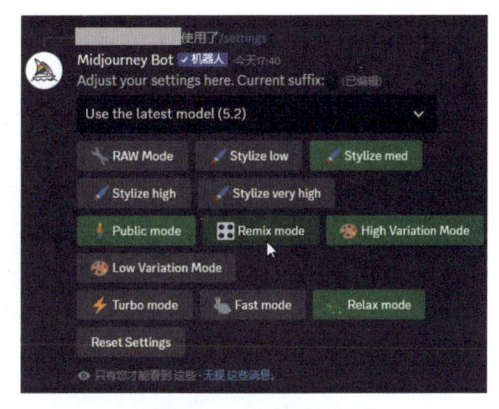

图 15-11 开启混音模式

STEP 03 **单击按钮**：执行操作后，在上一小节中生成的图像下方单击"更新"按钮🔄，如图 15-12 所示。

STEP 04 **弹出对话框**：弹出"PROMPT"（混音提示）对话框，如图 15-13 所示。

图 15-12 单击"更新"按钮🔄

图 15-13 弹出"PROMPT"对话框

177

**STEP 05 修改关键词**：修改其中的关键词，如将"fox"（狐狸）改为"wolf"（狼），如图 15-14 所示。

**STEP 06 提交申请**：执行操作后，单击"提交"按钮，如图 15-15 所示。

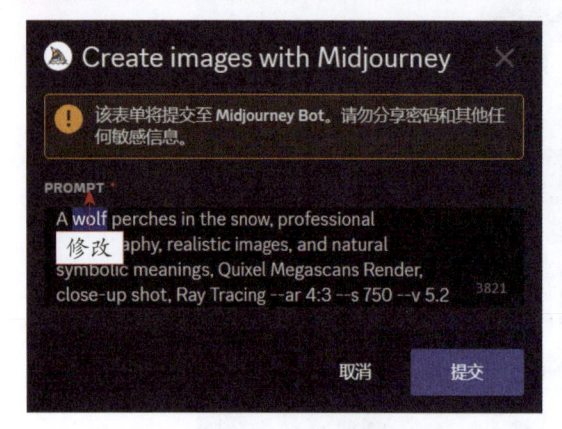

图 15-14 修改关键词

图 15-15 单击"提交"按钮

**STEP 07 生成图像**：执行操作后，即可将画面中的对象进行更换，如图 15-16 所示。单击"U4"按钮，放大第 4 张图像，效果如图 15-9 所示。

图 15-16 更换画面中的对象

# 第16章
## 游戏像素画绘画实战案例

像素画是用于游戏领域的一种绘画形式,属于点阵式图像。像素画是由一个个填充在画布上的小方块构成的,强调清晰的轮廓和明快的色彩,给人怀旧之感。本章将介绍游戏领域的像素画绘画实战案例。

# 16.1 上传参考图获取指令

【**效果展示**】：在 Midjourney 中使用"describe"指令可以快速获取图片的关键词，减少发掘关键词所花费的时间，使用"describe"指令生成的关键词会更加符合原图。上传参考图获取指令的效果如图 16-1 所示。

图 16-1 上传参考图获取指令的效果

**STEP 01 选择指令：** 在 Midjourney 中选择"describe"指令，单击"上传"按钮，如图 16-2 所示。

**STEP 02 上传图片：** 弹出"打开"对话框，选择相应的图片，单击"打开"按钮将图片添加到 Midjourney 的输入框中，如图 16-3 所示。

图 16-2 单击"上传"按钮

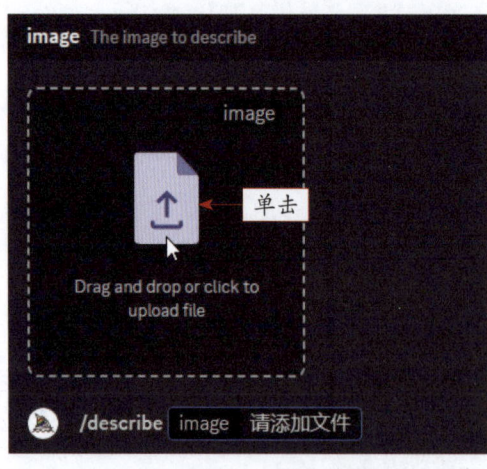

图 16-3 单击"打开"按钮

**STEP 03 获得关键词：** 按两次【Enter】键确认，随后 Midjourney 会根据用户上传的图片生成 4 段关键词，效果如图 16-1 所示。

## 16.2 复制指令生成图像

【效果展示】：在使用"describe"指令生成关键词后，可以选择合适的一段关键词将其输入到"imagine"指令中生成图像，效果如图16-4所示。

图16-4 复制指令生成的图像效果

STEP 01 输入关键词：在生成的关键词中选择一段关键词进行修改，并粘贴至"imagine"指令中，如图16-5所示。注意，绘画关键词中应确保有"像素风格"的说明，让Midjourney更准确地识别并生成图像。

图16-5 复制并粘贴绘画关键词

STEP 02 生成像素画：按【Enter】键确认，生成游戏像素画，效果如图16-4所示。

像素画风格看似简单、明确，但实际上可以通过像素点的排列和配色来表现多种不同的风格。开发者在像素画风格下有更大的艺术创作空间，可以创造出独特的、个性化的游戏世界。

## 16.3 添加参数优化图像

【效果展示】：使用 quality 参数和 stylize 参数，可以设置画面渲染质量和调整艺术风格，让生成的图像拥有更多的细节，更精美，效果如图 16-6 所示。

图 16-6 设置画面渲染质量后的图像效果

**STEP 01 添加指令**：在"imagine"指令后输入与上一例相同的关键词，并添加参数"--q 2"和"--stylize 100"，如图 16-7 所示。注意，像素画在添加画面指令参数和风格化参数时，数值不应过大，风格化参数值尽量控制在 100 以内，防止像素画失真。

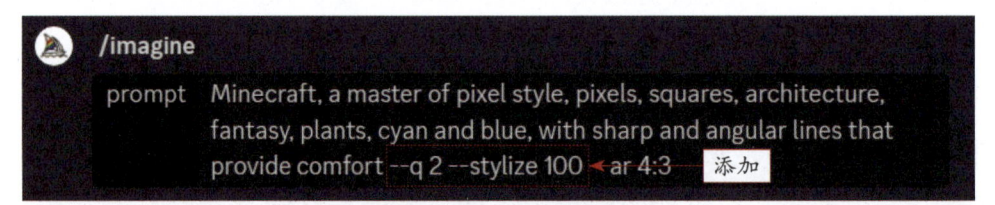

图 16-7 添加相应的关键词

**STEP 02 生成图像**：按【Enter】键确认，即可改变画面渲染质量，生成的图像效果如图 16-6 所示。

# 第 17 章
# 游戏场景图绘画实战案例

　　AI 可以用于自动生成游戏场景，如地图和地形等。通过生成地形，开发者可以快速创建多样化的游戏环境。这样有助于加速游戏开发过程，减少开发团队的工作量，并在游戏中创造多样性和趣味性。本章将详细介绍使用 AI 生成游戏场景图的操作方法。

## 17.1 使用"describe"指令获得关键词

【效果展示】：使用"describe"指令快速获取图片的关键词，可以减少发掘关键词所花费的时间，效果如图17-1所示。

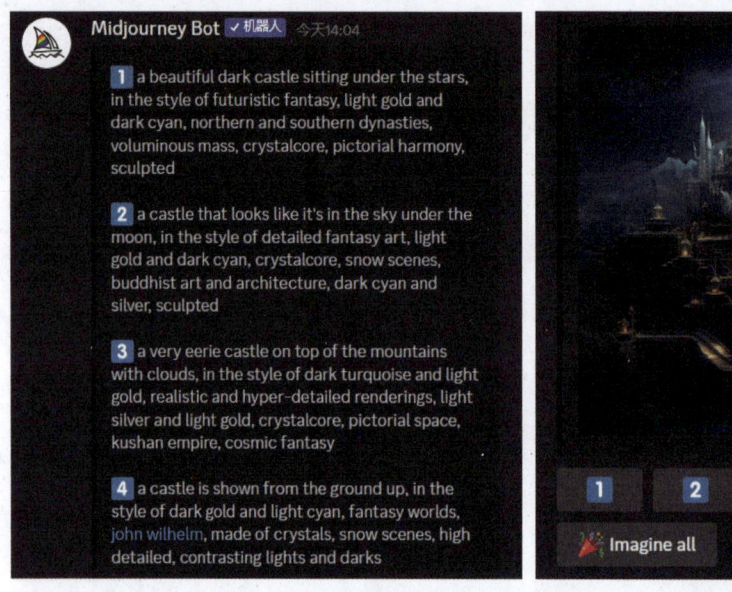

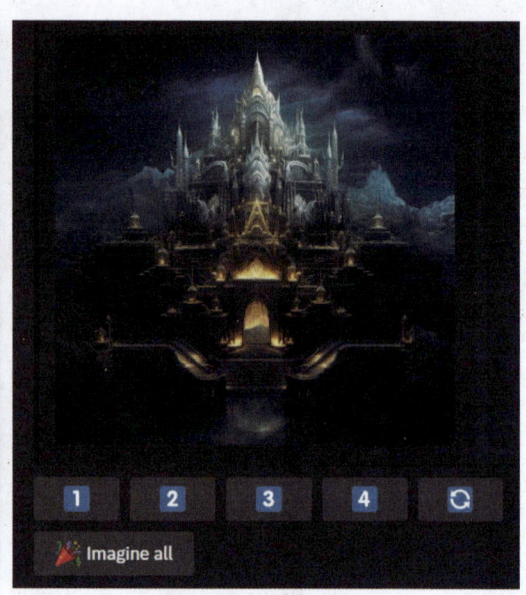

图17-1 使用"describe"指令获取关键词的效果

**STEP 01 选择指令**：在Midjourney中选择"describe"指令，单击"上传"按钮，如图17-2所示。

**STEP 02 上传图片**：弹出"打开"对话框，选择相应的图片，单击"打开"按钮将图片添加到Midjourney的输入框中，如图17-3所示。

图17-2 单击"上传"按钮　　　　图17-3 单击"打开"按钮

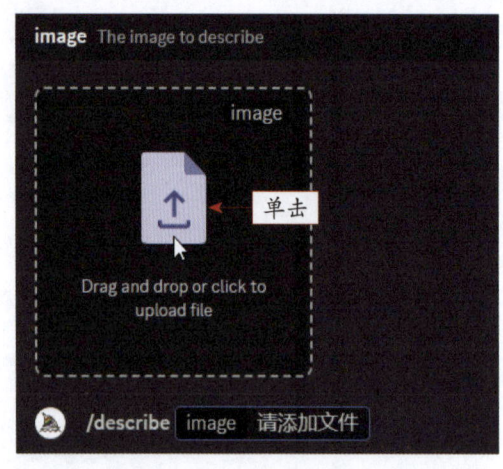

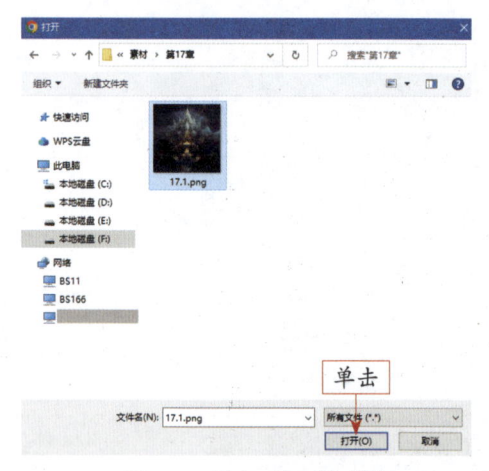

**STEP 03 上传关键词**：按两次【Enter】键确认，随后Midjourney会根据用户上传的图片生成4段关键词，效果如图17-1所示。

## 17.2 通过"imagine"指令生成图像

【效果展示】：通过"describe"指令获得关键词后，选择一段输入到"imagine"指令当中，让 Midjourney 生成图像，效果如图 17-4 所示。

图 17-4 通过"imagine"指令生成图像的效果

**STEP 01** 输入关键词：选择一段绘画关键词输入"imagine"指令中，如图 17-5 所示。

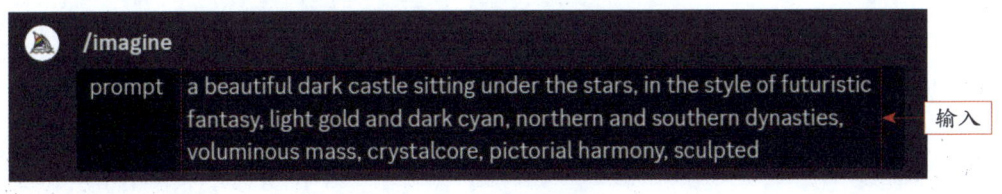

/imagine
prompt  a beautiful dark castle sitting under the stars, in the style of futuristic fantasy, light gold and dark cyan, northern and southern dynasties, voluminous mass, crystalcore, pictorial harmony, sculpted    ← 输入

图 17-5 输入绘画关键词

**STEP 02** 生成图像：按【Enter】键确认，即可生成游戏场景，效果如图 17-4 所示。

## 17.3 使用平移扩图增加画面容量

【效果展示】：使用平移扩图功能可以生成图片外的场景，通过单击相应的"上""下""左""右"箭头按钮来选择图片所需要扩展的方向，效果如图 17-6 所示。

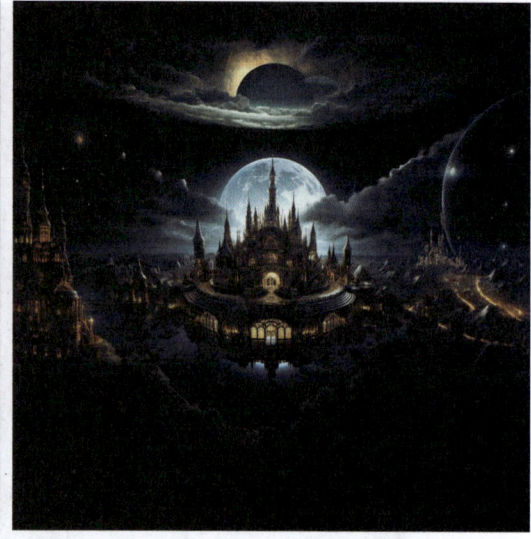

图 17-6 使用平移扩图增加画面容量的效果

**STEP 01** 选择向左平移：在生成的图像中，选择其中一张图进行放大，如单击 U2 按钮，放大第 2 张图片。在放大后的图片下方，单击"左箭头"按钮，如图 17-7 所示。

**STEP 02** 生成平移图片：执行操作并提交申请后，Midjourney 将在原图的基础上生成 4 张向左平移扩图后的图片，效果如图 17-8 所示。

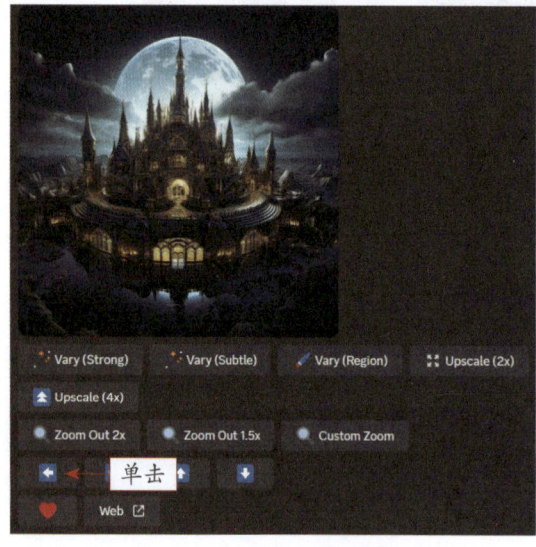

图 17-7 单击"左箭头"按钮

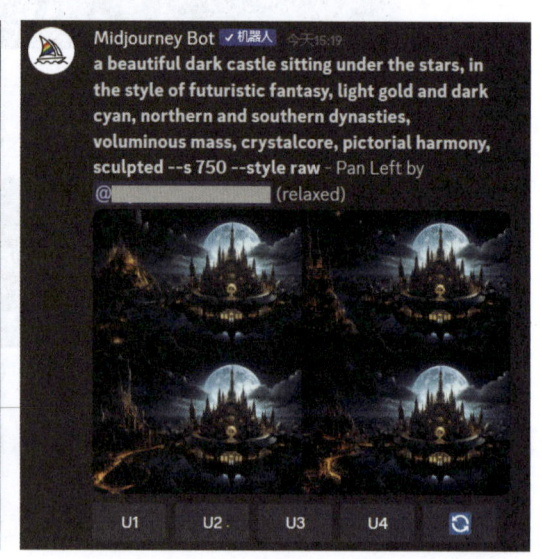

图 17-8 向左平移扩图后生成的图片效果

STEP 03 **选择向右平移：** 选择其中一张进行放大，然后再次单击下方的"右箭头"按钮➡️，如图17-9所示。

STEP 04 **生成右移图片：** 执行操作后，Midjourney将在原图的基础上生成4张向右平移扩图后的图片，效果如图17-10所示。

STEP 05 **改变图片比例：** 单击"U3"按钮进行放大，在放大后的图片下方单击"Make Square"（变成直角）按钮，如图17-11所示。使用"Make Square"功能可以使图片的比例变为1:1。

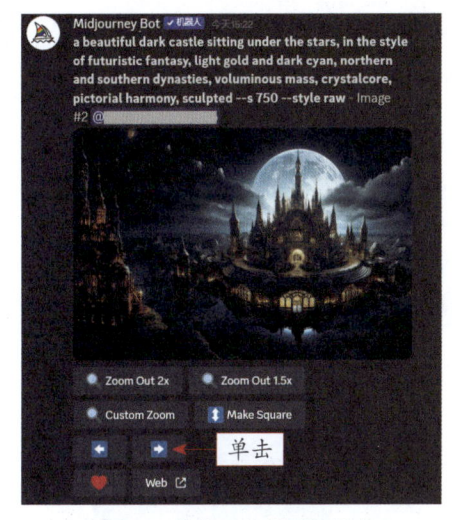

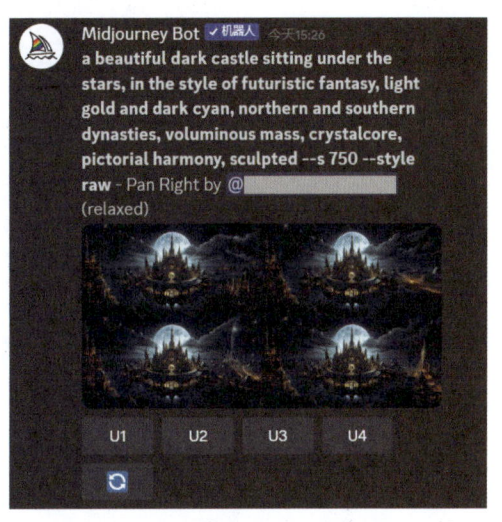

图17-9 单击"右箭头"按钮　　图17-10 向右平移扩图后生成的图片效果

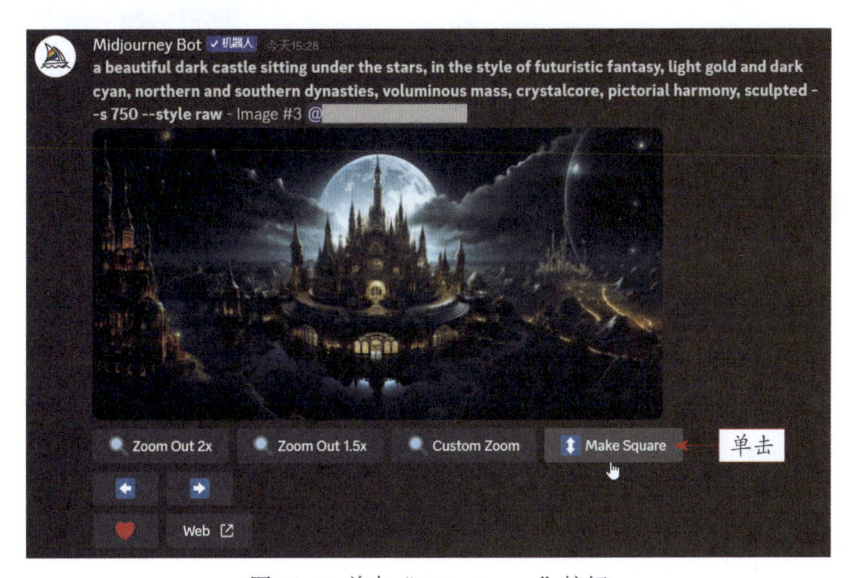

图17-11 单击"Make Square"按钮

STEP 06 **放大图片细节：** 执行操作后，图片将分别向上方和下方进行平移扩图，生成1:1比例的图片。单击"U1"按钮和"U2"按钮，放大第1张和第2张图片，具体效果如图17-6所示。

# 第 18 章
# Logo 矢量画绘画实战案例

  一个独特、简洁而又易于识别的品牌 Logo，不仅可以快速吸引消费者的目光，还可以给消费者留下深刻的印象，将消费者变成忠实的客户。使用 AI 生成 Logo 可以在短时间内生成大量的设计方案，迅速提供多样化的选择。本章将为大家详细介绍 Logo 矢量画绘画实战案例。

## 18.1 生成矢量画关键词

**【效果展示】**：有时候我们可能难以凭自己的想象去设计 Logo，此时不妨询问 ChatGPT，从 ChatGPT 的回答中获取 Logo 的关键词。本节所生成的"精致美妆"Logo 为美妆品牌类型的 Logo，所以我们可以从美妆这一角度进行提问，获取的关键词如图 18-1 所示。

> Exquisite modern 2D flat logo with a gradient from pale gold to coral pink. A circular centerpiece flower with delicate petals showcasing diverse makeup looks, adorned with a central diamond symbolizing quality. Warm and inclusive, a pledge to diversity.

图 18-1 获取的关键词

**STEP 01 分析特点、描述信息：** 在 ChatGPT 中输入提示词，如"请用 200 字左右描述某个美妆类品牌的 Logo"，按【Enter】键确认，ChatGPT 会给出 Logo 的描述信息，如图 18-2 所示。

> 该美妆品牌的Logo以精致而独特的2D平面图案为特点。这个标志以渐变色为主，色调从淡金色逐渐过渡到珊瑚粉，营造出高雅与温暖的氛围。Logo的形状是一个流畅的圆形，象征着无限的美和无限的可能。
>
> 在Logo的中心，有一个优雅的花朵图案，花轻柔地绽放，仿佛在细微的变化中展现着不同的妆容。花瓣的质感与细节令人惊叹。这朵花的中心有一颗小小的钻石，熠熠生辉，代表着珍贵与卓越。
>
> 整体Logo的设计风格极具现代感，简洁而精致，凸显了品牌对于美与品质的执着。渐变的色调不仅传达出柔和与温暖，还传递了多元化与包容性的信息，适用于各种不同肤色和妆容需求，这个标志是美妆品牌的象征，代表了其对美丽、品质和多样性的承诺，令人难以忘怀。

图 18-2 ChatGPT 给出的 Logo 描述信息

**STEP 02 整合信息、提供指令：** 让 ChatGPT 给出明确的 AI 绘画关键词示例，在 ChatGPT 中输入"请整合上述信息，提供一段美妆品牌 Logo 的 AI 绘画关键词，要求 50 字左右"，ChatGPT 给出的 AI 绘画关键词示例，如图 18-3 所示。

> 精致现代的2D平面Logo，渐变色从淡金到珊瑚粉，圆形中心放花朵，柔美花瓣流转间展现多样妆容，中央钻石点缀，象征品质。温暖包容，多元承诺。

图 18-3 ChatGPT 给出的 AI 绘画关键词

**STEP 03** **转换语言、进行翻译**：让 ChatGPT 为我们提供翻译帮助，如在其输入框中继续输入"请将这段 AI 绘画关键词翻译为英文"，ChatGPT 给出回复，具体如图 18-1 所示。

## 18.2 生成 Logo 矢量画

【效果展示】：在得到了品牌 Logo 的 AI 绘画关键词后，接下来可以使用 Midjourney 生成 Logo。AI 生成 Logo 的优点包括速度快和效率高，能够在短时间内生成多种设计选择，用户可以从生成的设计中选择一个或多个，然后对它们进行进一步的调整，如更改颜色、风格、排版等，以确保符合品牌的需求。生成 Logo 矢量画的效果如图 18-4 所示。

图 18-4 生成 Logo 矢量画的效果

**STEP 01** **输入关键词**：在 Midjourney 中通过"imagine"指令复制并粘贴 ChatGPT 提供的英文关键词，如图 18-5 所示。

/imagine
prompt Exquisite and modern 2D flat logo, with gradient colors ranging from light gold to coral powder, circular center flowers and soft petals flowing to showcase diverse makeup. The center is adorned with diamonds, symbolizing quality. Warm and inclusive, with diverse commitments ◀ 输入

图 18-5 输入绘画关键词

**STEP 02** **生成 Logo**：按【Enter】键确认，即可生成 Logo，效果如图 18-4 所示。

## 18.3 添加风格优化画作

【效果展示】：生成 Logo 后，我们可以为 Logo 添加艺术风格。例如，在上一例关键词的基础上，增加一些极简主义风格的描述，如"minimalistic Logo"（极简主义风格的Logo），然后再次通过 Midjourney 生成图片，效果如图 18-6 所示。

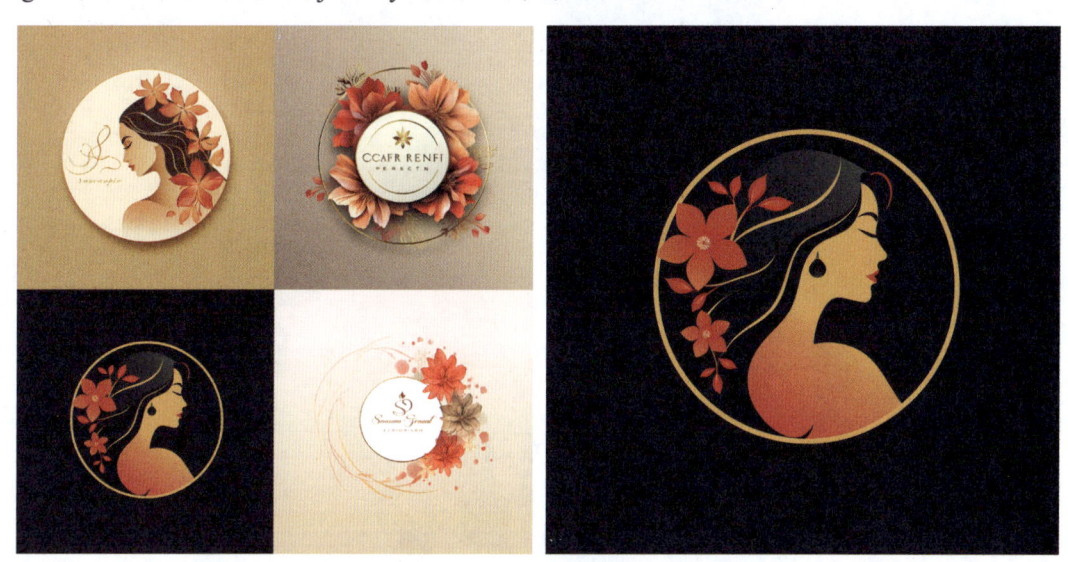

图 18-6 添加艺术风格关键词后生成的图片效果

**STEP 01 添加关键词**：在 Midjourney 中通过"imagine"指令输入相应的关键词，并添加风格关键词，如图 18-7 所示。

/imagine
prompt  Exquisite and modern 2D flat logo, with gradient colors ranging from light gold to coral powder, circular center flowers and soft petals flowing to showcase diverse makeup. The center is adorned with diamonds, symbolizing quality. Warm and inclusive, with diverse commitments, minimalistic Logo ← 输入

图 18-7 添加风格关键词

**STEP 02 生成优化图像**：按【Enter】键确认，即可生成添加艺术风格关键词后的图片，效果如图 18-6 所示。

# 第 19 章
# 宣传海报图绘画实战案例

宣传海报图是一种传统的传播方式，能够起到提高品牌知名度、传播重要信息、进行文化宣传、传递产品信息等作用。在 AI 的帮助下，用户提供明确的需求，即可运用 AI 工具快速获得醒目及具有创意的宣传海报图。

# 19.1 获得绘画关键词灵感

【效果展示】：运用文心一言或 ChatGPT 可以获得一些 AI 绘画指令的灵感，如引导文心一言生成以"购物狂欢节"为主题的宣传海报图绘制灵感，如图 19-1 所示。

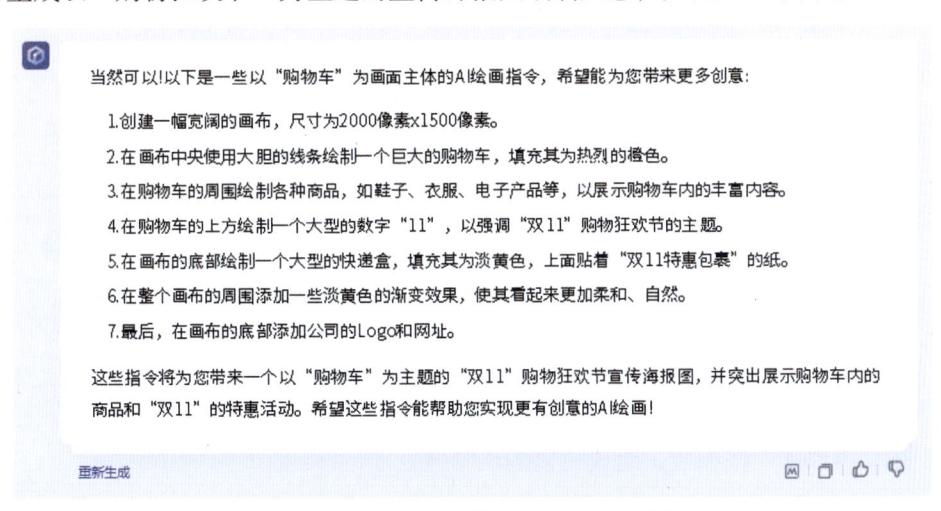

图 19-1 文心一言提供的绘画关键词灵感

**STEP 01** 输入提示词：打开文心一言，在其输入框中输入提示词，如"请你充当 AI 绘画师，提供绘制"双 11"购物狂欢节的宣传海报图的 AI 绘画指令"，如图 19-2 所示。

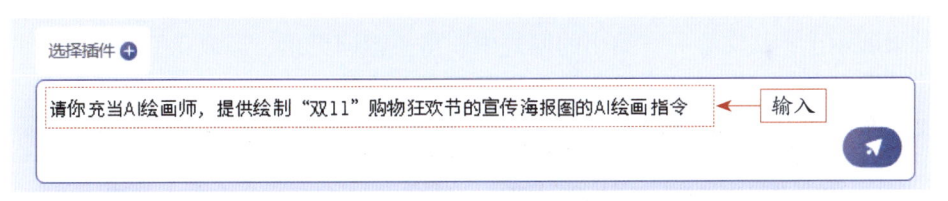

图 19-2 输入提示词（1）

**STEP 02** 获得指令参考：按【Enter】键确认，文心一言会提供 AI 绘画指令，如图 19-3 所示。

8.最后，在画布的底部添加公司的Logo和网址。

希望这些指令能帮助您绘制出一幅吸引人的"双11"购物狂欢节的宣传海报图！

图 19-3 文心一言提供的 AI 绘画指令

**STEP 03 追加提问**：根据文心一言给出的回复，重新组织提示词，进行追加提问，输入如"请根据第 5 点展开联想，以'购物车'为画面主体，提供更有创意的 AI 绘画指令"，如图 19-4 所示。

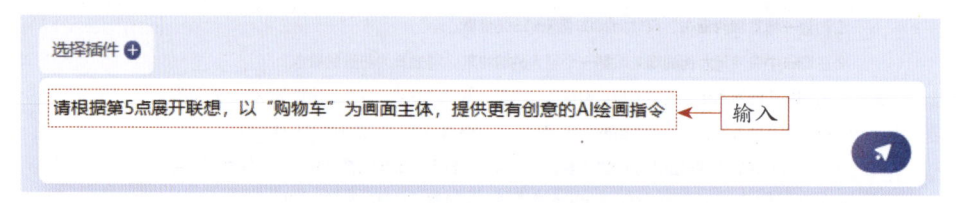

图 19-4 输入提示词（2）

**STEP 04 再次获得参考**：按【Enter】键确认，文心一言会对追加提问给出回复，具体效果如图 19-1 所示。可以看出，文心一言为我们提供了绘制宣传海报的灵感，可以以"购物车"为画面主体，再添加一些细节，组成完整的绘画指令。

## 19.2 输入关键词获得海报

【效果展示】：从文心一言给出的回复中获得关键词灵感，形成完整的、明确的绘画关键词并将其输入文心一格中，可以获得宣传海报图，效果如图 19-5 所示。

图 19-5 输入关键词获得宣传海报图的效果

**STEP 01** **设置排版布局：** 进入文心一格，在"AI 创作"选项卡中选择"海报"选项，并选择"中心布局"排版布局，如图 19-6 所示。

**STEP 02** **输入提示词：** 输入海报主体和海报背景相关的提示词，如图 19-7 所示。

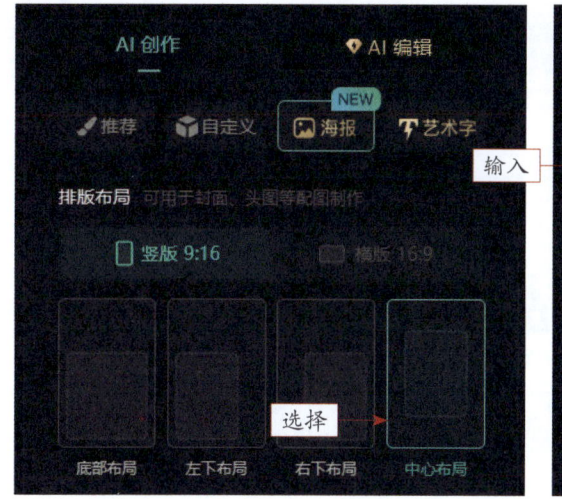

图 19-6 选择"中心布局"排版布局　　　　图 19-7 输入提示词

**STEP 03** **单击生成按钮：** 设置"出图数量"为 1，其他默认不变，单击"立即生成"按钮，如图 19-8 所示。

图 19-8 单击"立即生成"按钮

**STEP 04** **生成海报：** 稍等片刻，即可生成宣传海报图，效果如图 19-5 所示。

用户可以运用后期修图软件，对文心一格生成的海报进行后期加工，如加入"购物狂欢节"字样，突出海报的作用等。

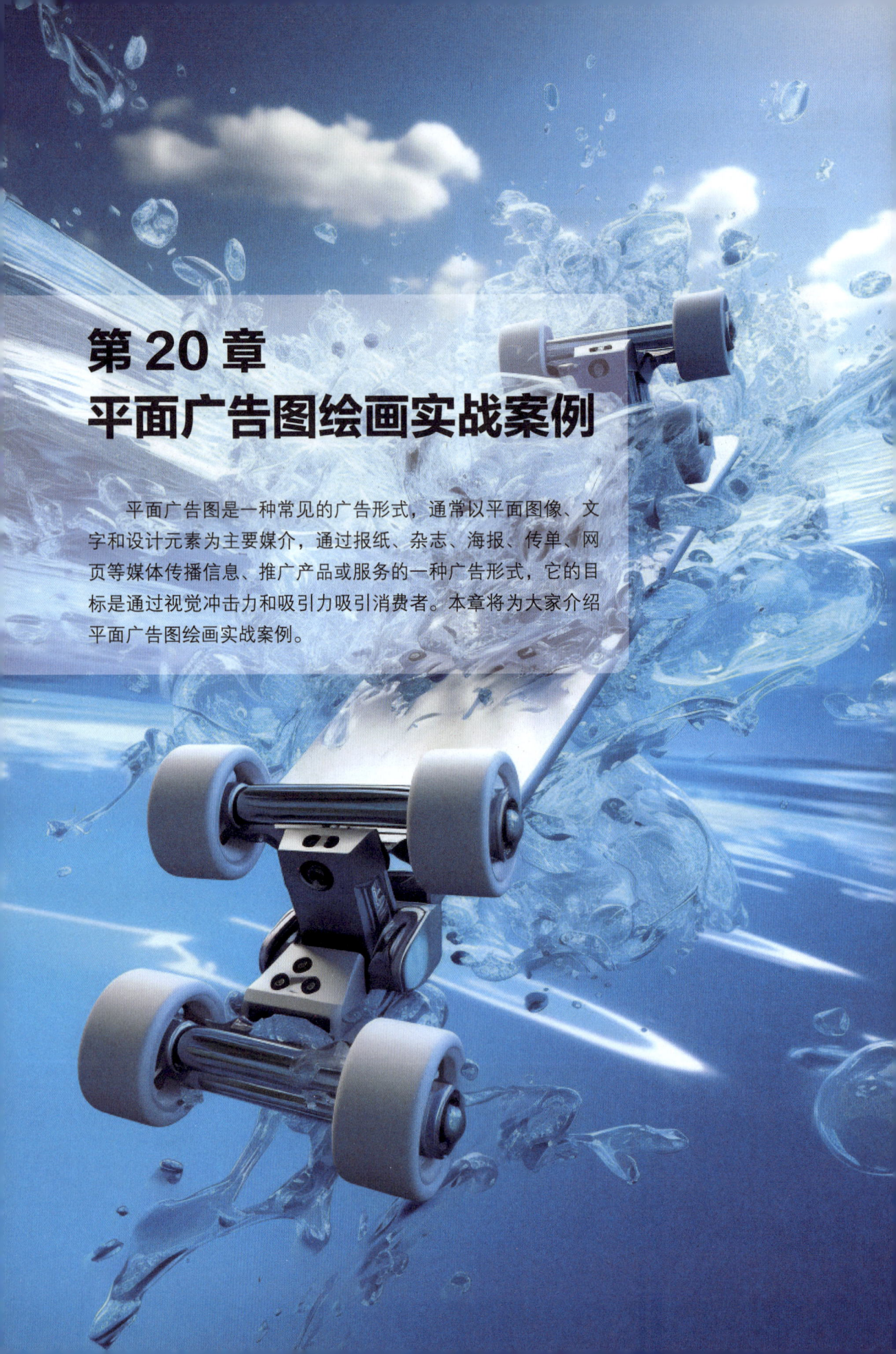

# 第 20 章
# 平面广告图绘画实战案例

平面广告图是一种常见的广告形式，通常以平面图像、文字和设计元素为主要媒介，通过报纸、杂志、海报、传单、网页等媒体传播信息、推广产品或服务的一种广告形式，它的目标是通过视觉冲击力和吸引力吸引消费者。本章将为大家介绍平面广告图绘画实战案例。

# 20.1 获得绘制图像的灵感

【效果展示】：用户通过让 ChatGPT 充当 AI 绘画师来解答问题，便可以在 ChatGPT 的回复中获得绘制图像的灵感，如图 20-1 所示。

> 1. "创作一台高端数码相机，外观精致，突出创意设计。"
> 2. "将相机放入创意背景，巧妙融合现代艺术元素。"
> 3. "创造柔和光线和阴影，使产品呈现高端质感。"
> 4. "突出高像素传感器，彰显卓越影像质量。"
> 5. "表现附件和配饰的创意，吸引目光。"
> 6. "以独特色调传达高端情感，激发购买欲望。"

图 20-1 ChatGPT 提供的绘画关键词灵感

**STEP 01 输入提示词**：打开 ChatGPT，在其输入框中输入提示词，如"请你充当 AI 绘画师，提供绘制相机产品平面广告图的 AI 绘画指令示例"，如图 20-2 所示。

> 请你充当AI绘画师，提供绘制相机产品平面广告图的AI绘画指令示例 ← 输入

Free Research Preview. ChatGPT may produce inaccurate information about people, places, or facts. ChatGPT September 25 Version

图 20-2 输入提示词

**STEP 02 获得指令示例**：按【Enter】键确认，ChatGPT 会提供 AI 绘画指令，如图 20-3 所示。

> 当使用AI来创建相机产品平面广告图时，您可以提供以下指令示例，以便AI绘制出您想要的效果。请注意，这些只是示例，您可以根据您的具体需求进行调整：
>
> 1. 相机外观
>    - "请绘制一台现代数码相机，具有精致的金属外壳。"
>    - "使相机看起来时尚而坚固，带有几个按钮和旋钮以突出其功能。"
> 2. 场景设置
>    - "在一个户外风景中放置相机，以凸显其实用性。"
>    - "将相机放在一张桌子上，周围散落着摄影配件，如镜头和三脚架。"
> 3. 光线和阴影
>    - "请确保阳光透过云层，为产品提供柔和的自然光。"
>    - "添加轻微的投影，以突出相机的立体感。"
> 4. 角度和焦点
>    - "将相机设置在一个低角度，以突出其品牌徽标和型号名称。"
>    - "请确保相机处于焦点中心，背景轻微模糊，以突出产品。"
> 5. 产品特征
>    - "请突出相机的高像素传感器，以产生清晰的图像。"
>    - "请在显示屏上显示一张精美的照片，以展示其观看和分享功能。"
> 6. 配件和附件
>    - "在场景中添加一些配件，如外部闪光灯和遥控器，以展示可扩展性。"
>    - "在桌子上放置一台笔记本电脑，以强调相机的数据传输能力。"

## 7. 颜色和情感

- "请使用冷色调，如蓝色和银色，以传达现代感。"
- "确保广告图中的情感是积极和兴奋的，以激发购买欲望。"

这些指令示例可用于指导AI生成相机产品平面广告图。请根据您的具体需求和创意进行修改，以确保最终结果满足您的期望。

图 20-3 ChatGPT 提供的 AI 绘画指令

**STEP 03 重新给出示例：** 根据 ChatGPT 给出的回复，重新组织提示词，进行追加提问，输入如"请以'高端、创意'为主题，修改以上 AI 绘画指令示例，字数控制在 50 字"，按【Enter】键确认，ChatGPT 会对追加提问给出回复，具体效果如图 20-1 所示。

## 20.2 撰写关键词生成图像

【效果展示】：从 ChatGPT 给出的回复中，获得绘制平面广告图的关键词灵感，撰写成明确的、具体的绘画关键词并输入 Midjourney 中，可以获得平面广告图，效果如图 20-4 所示。

图 20-4 撰写关键词生成的图像效果

**STEP 01 输入关键词：** 在 Midjourney 中通过 "imagine" 指令生成图像，输入绘画关键词，如图 20-5 所示。

STEP 02 **生成广告图**：按【Enter】键确认，即可生成平面广告图，初步效果如图 20-4 所示。

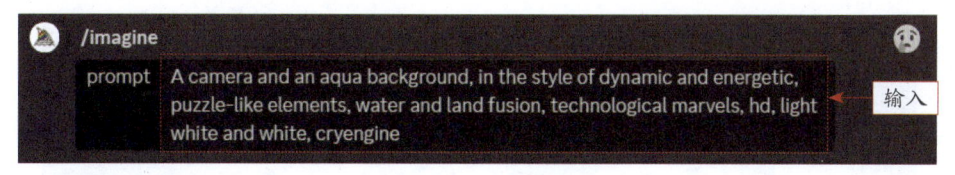

图 20-5 输入绘画关键词

在撰写平面广告图的 AI 绘画关键词时，用户需要明确地说明产品、背景、氛围，以及一些使广告图看起来更高级的元素，如"water and land fusion"（水陆融合）和"hd"（高清）等。

## 20.3 添加参数优化图像

【**效果展示**】：用户可以通过添加尺寸参数"--ar 3:2"、艺术风格化参数"--s 50"和不同的 Midjourney 版本参数如"--niji 5"，来增加平面广告图的美感和视觉冲击力，效果如图 20-6 所示。

图 20-6 添加参数优化后的图像效果

STEP 01 **添加参数**：在 Midjourney 中通过"imagine"指令输入与上一小节相同的关键词，并添加不同的参数，如图 20-7 所示。

图 20-7 添加不同的参数

**STEP 02** 生成新的广告图：按【Enter】键确认，即可生成新的平面广告图，如图 20-8 所示。

图 20-8 生成新的平面广告图

**STEP 03** 查看图片细节：单击"U1"按钮，放大第 1 张图片，如图 20-9 所示。用户可以在第 1 张图的基础上添加一些广告词，起到宣传相机的作用，效果如图 20-6 所示。

图 20-9 放大第 1 张图片

# 第 21 章
# 品牌 IP 形象绘画实战案例

　　品牌 IP（Intellectual Property，知识产权）形象是指企业或其品牌在市场和社会公众心中所展现的个性特征。用户运用 AI 工具可以生成有创意的品牌 IP 形象，从而帮助扩大品牌的影响力。本章将为大家介绍品牌 IP 形象绘画实战案例。

# 21.1 提问AI获得设计灵感

【效果展示】：设计品牌IP形象是创意性的活动，而借助AI的无规则排列组合可以产生不同的创意，从而为用户设计品牌IP形象提供灵感，效果如图21-1所示。

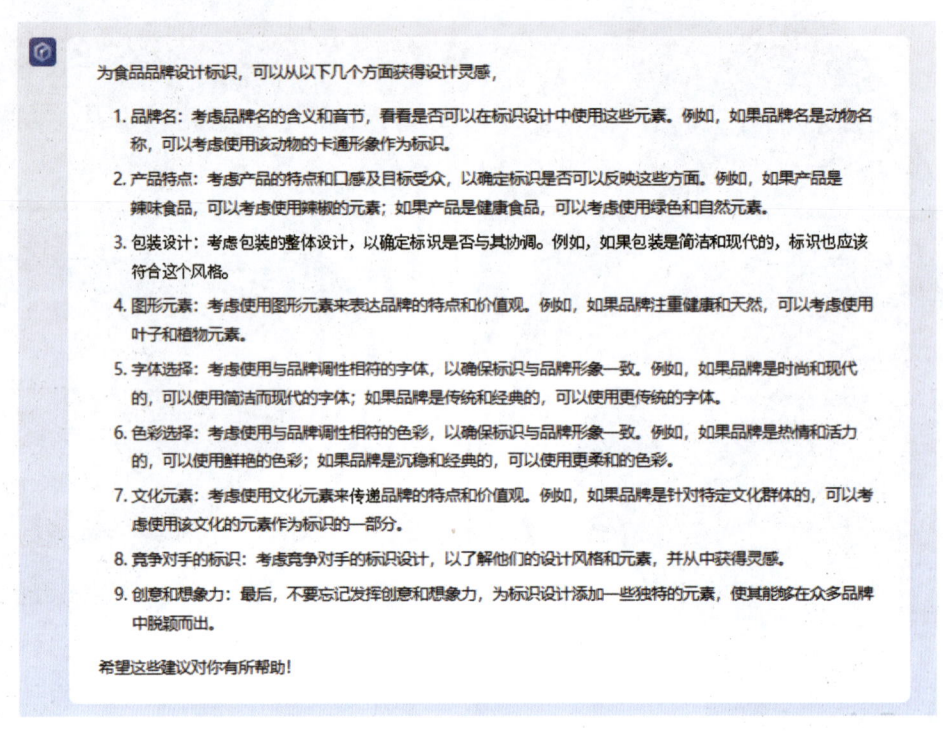

图 21-1 提问AI获得设计灵感的效果

**STEP 01 输入提示词：** 打开文心一言，在其输入框中输入提示词，如"请你充当美术设计师，提供一些设计品牌标识卡通形象的建议"，如图21-2所示。

图 21-2 输入提示词（1）

**STEP 02 获得指令参考：** 按【Enter】键确认，文心一言会提供指令建议，如图21-3所示。

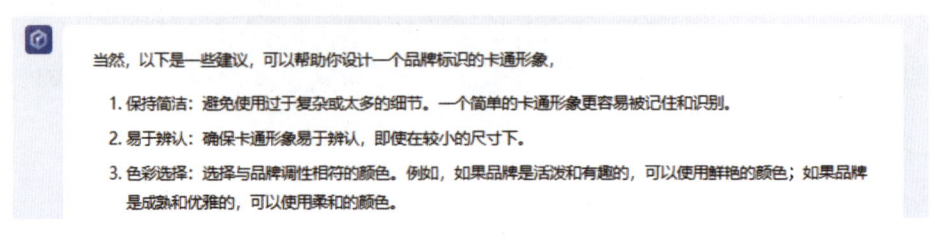

4. 反映品牌特性：卡通形象应该能够反映品牌的特性或传达品牌的信息。例如，如果品牌代表环保和可持续性，可以考虑使用绿色和自然元素。

5. 可适应性：确保卡通形象可以适应不同的媒介和尺寸，包括印刷品、网站、社交媒体、产品包装等。

6. 易于订制：如果品牌需要针对不同的市场或受众订制卡通形象，确保它们可以轻松地进行修改和调整，而不会失去其原始特征。

7. 反馈测试：在推出新的卡通形象之前，让一小部分人进行反馈测试，以确保它们与预期的效果相符，并且易于理解和接受。

8. 故事性：考虑为卡通形象创造一个相关的故事或背景，以增加其吸引力和相关性，这也可以为品牌创造更多的价值。

9. 长期性：考虑卡通形象的长期使用价值，它应该是持久的，不会很快过时。

10. 文化敏感性：确保卡通形象在不同的文化和年龄群体中都是得体和适当的，避免使用可能引起冒犯或误解的元素。

希望这些建议对你有所帮助！

图 21-3 文心一言提供的 AI 绘画指令建议

**STEP 03** **追加提问**：根据文心一言给出的回复，重新组织提示词，进行追加提问，输入"为食品品牌设计标识，可以从哪些方面获得设计灵感？"，如图 21-4 所示。

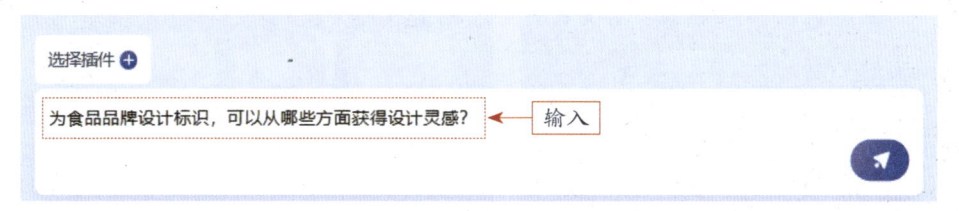

图 21-4 输入提示词（2）

**STEP 04** **再次获得参考**：按【Enter】键确认，文心一言会对追加提问给出回复，具体效果如图 21-1 所示。用户可以根据文心一言给出的建议来撰写完整的绘画指令。

## 21.2 运用 AI 设计品牌标识

【效果展示】：在文心一格的帮助下，用户只需提供绘画关键词，便可以获得品牌 IP 形象设计图，效果如图 21-5 所示。

图 21-5 运用 AI 设计品牌标识的效果

**STEP 01 输入提示词：** 登录文心一格，在"AI 创作"选项卡中选择默认"推荐"选项区，输入提示词，如图 21-6 所示。

**STEP 02 设置参数：** 设置相应的图像比例和出图数量，如图 21-7 所示。

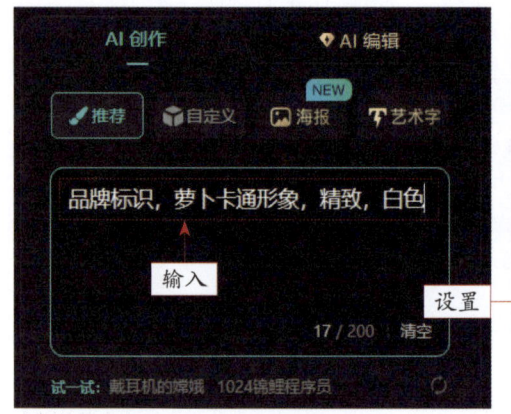

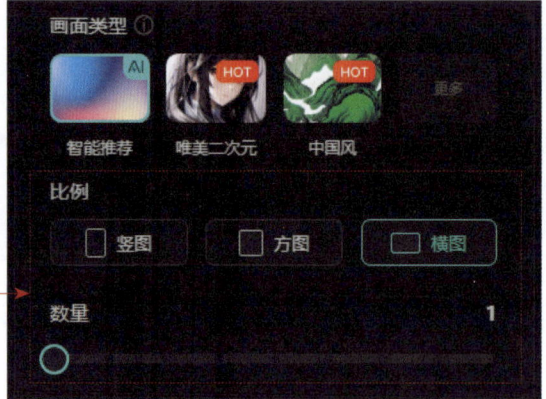

图 21-6 输入提示词　　　　图 21-7 设置相应的图像比例和出图数量

**STEP 03 初步生成图像：** 其他默认不变，单击"立即生成"按钮，文心一格会生成一张图像，如图 21-8 所示。

图 21-8 生成一张图像

**STEP 04 修改提示词：** 修改提示词，改变图像的质感，如图 21-9 所示。让文心一格设计出活泼可爱、有灵动性的品牌标识。

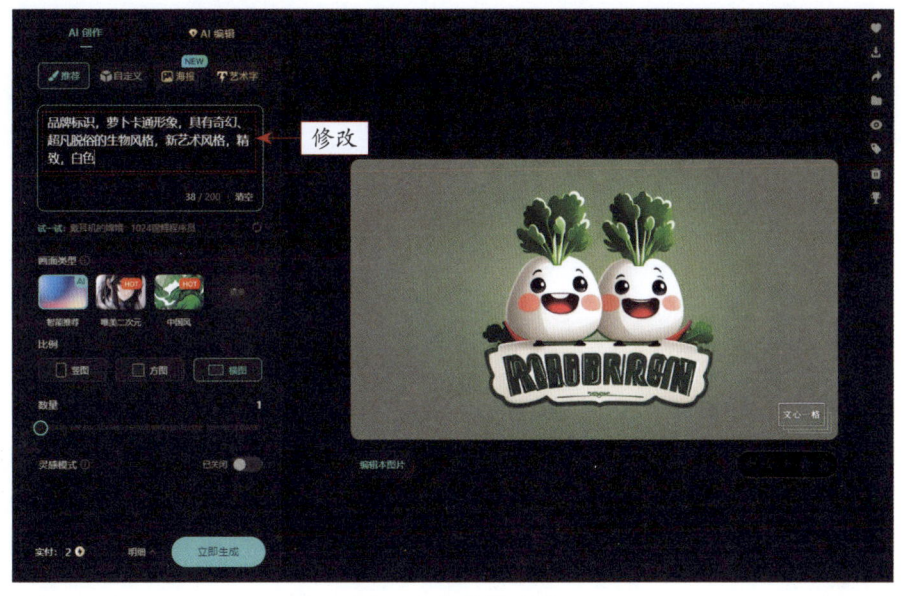

图 21-9 修改提示词

**STEP 05 重新生成图像：** 其他设置保持不变，单击"立即生成"按钮，如图 21-10 所示，文心一格即可重新生成图像，效果如图 21-5 所示。

图 21-10 单击"立即生成"按钮

用户可以运用后期修图软件，对文心一格生成的品牌 IP 形象进行后期加工，如结合品牌特性为 IP 形象取名，并提供相应的简介等。

# 第 22 章
# 建筑设计图绘画实战案例

建筑设计图是一种创意性、实用性的绘画形式，主要用作建筑领域进行施工实践的参考。巧妙地运用 AI 工具，用户提供明确的绘画指令，可以获得创意性的建筑设计图。本章将介绍建筑设计图绘画实战案例。

# 22.1 获得 AI 绘画指令灵感

【效果展示】：当用户对绘画提示词，尤其是建筑设计图的绘画提示词没有头绪时，可以运用 ChatGPT，让 ChatGPT 提供建筑设计方面的灵感。ChatGPT 提供绘画关键词的效果如图 22-1 所示。

> 设计以木材为原料的现代建筑可以采用一些特定的方法和技巧来实现预期的外观和功能。
> 以下是一些绘制设计图时可以考虑的方法：
>
> 1. 定义设计目标
>    在着手设计之前，明确定义项目的设计目标和需求，包括建筑的用途、预算、可持续性要求，以及对木材使用的期望。这将有助于确定设计的方向。
>
> 2. 研究现代木结构
>    了解现代木结构建筑的最新趋势和技术。考虑使用工程木材和木结构技术，以确保建筑的结构稳定性和安全性。
>
> 3. 选择适当的木材
>    考虑不同类型的木材，如硬木、软木和胶合木，以满足项目的需要。根据木材的强度、耐久性和外观来选择适当的种类。
>
> 4. 设计木材细节
>    着重设计木材的细节，包括连接、接合、纹理和颜色。现代风格通常注重简洁、清晰的线条，因此木材的连接和接合要精心设计，以实现无缝的外观。
>
> 5. 采用开放式平面设计
>    现代风格通常强调开放性和流畅性，因此考虑采用开放平面设计，最大程度地利用木材的温暖和自然美感。
>
> 6. 大量使用玻璃
>    为了增加采光和视野，可以在设计中大量使用玻璃。玻璃墙面和大窗户可以与木材相结合，创造出现代感和通透性。
>
> 7. 色彩和饰面
>    考虑在木材表面采用适当的饰面材料，以增加木材的保护性和美观性。同时，选择与木材搭配的中性色或现代色。
>
> 8. 渲染和模型
>    使用计算机辅助设计软件创建三维模型和渲染，以便更清晰地展现建筑的外观。这有助于客户和团队更好地理解设计。
>
> 9. 可持续性考虑
>    考虑集成可再生能源系统、节能技术和环保材料，以提高建筑的可持续性。
>
> 10. 与专业团队合作
>     与木结构工程师、室内设计师和建筑设计师密切合作，以确保设计能够实现并满足所有技术和审美要求。
>
> 在绘制设计图时，要不断迭代和优化设计，确保木材建筑既满足现代风格的要求，又具有实用性和可持续性。

图 22-1 ChatGPT 提供绘画关键词的效果

**STEP 01** 输入提示词：打开 ChatGPT，在其输入框中输入提示词，如"请从风格、色彩、用材等方面提供一些建筑设计的建议"，如图 22-2 所示。

> 请从风格、色彩、用材等方面提供一些建筑设计的建议 ← 输入

图 22-2 输入提示词（1）

**STEP 02 获得建议：** 按【Enter】键确认，ChatGPT 会提供建筑设计的绘画指令，如图 22-3 所示，用户可以从中获得绘制设计图的灵感。

> 当进行建筑设计时，考虑风格、色彩和用材等因素至关重要，因为它们会影响建筑的外观、功能和环境适应性。以下是一些建议，
>
> **1. 风格**
> - **现代风格**：采用简洁、清晰的线条和几何形状，以及大量的玻璃、金属和混凝土，使建筑看起来时尚、开放。
> - **传统风格**：使用传统的建筑元素，如柱子、拱门和瓦片，以创造经典、优雅的外观。
> - **生态友好风格**：考虑使用可再生能源和可持续性材料，以便最大程度地减少对环境的影响。
>
> **2. 色彩**
> - **建筑整体色彩**：选择建筑的主要外观颜色，考虑与周围环境是否和谐，如白色、灰色、米色等中性色通常适用于多种风格。
> - **强调色**：可以在细节或突出部分使用强烈的颜色，以吸引注意力或强调特定特征。
> - **自然色**：考虑使用自然元素的色彩，如绿色、蓝色、棕色，以融入环境。
>
> **3. 用材**
> - **木材**：木材在建筑中常用于创造温馨和自然感，它可以用于地板、墙壁、屋顶等。
> - **金属**：金属如钢、铝、铜可以赋予建筑现代感和坚固性。
> - **玻璃**：大量使用玻璃可以增加采光，打开视野，同时也要考虑隐私和能源效益。
> - **石材**：石材如大理石、花岗岩可增加建筑的质感和高贵感。
> - **可持续性材料**：使用可再生、回收或环保的材料，以降低对自然资源的依赖。
>
> 除了上述建议，还要根据具体项目的需求和环境来调整设计方案。建筑设计师和设计团队应与客户密切合作，确保设计满足功能需求、审美要求和可持续性目标。同时，合规性和安全性也是至关重要的。

图 22-3 ChatGPT 提供的 AI 绘画指令

**STEP 03 追加提问：** 根据 ChatGPT 给出的回复，进行追加提问，输入"若是设计现代风格、以木材为原料的建筑，在绘制设计图时可以采用哪些方法？"，如图 22-4 所示。

> 若是设计现代风格、以木材为原料的建筑，在绘制设计图时可以采用哪些方法？ ← 输入

图 22-4 输入提示词（2）

**STEP 04 获得方法：** 按【Enter】键确认，ChatGPT 会对追加提问给出回复，具体效果如图 22-1 所示。用户可以根据 ChatGPT 给出的建议，以及结合自己的经验，来撰写完整的绘制建筑设计图的指令。

## 22.2 输入关键词获得设计图

【效果展示】：用户可以根据 ChatGPT 给出的建筑设计灵感，将建筑的风格、色彩、用材等元素撰写进绘画指令中，再输入 Midjourney 中，让 Midjourney 生成建筑设计图，效果如图 22-5 所示。

图 22-5 输入关键词获得设计图效果

**STEP 01** 输入关键词：运用"imagine"指令输入绘画关键词，如图 22-6 所示。

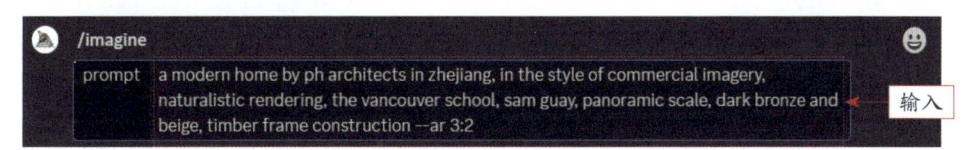

```
/imagine
prompt  a modern home by ph architects in zhejiang, in the style of commercial imagery,
        naturalistic rendering, the vancouver school, sam guay, panoramic scale, dark bronze and
        beige, timber frame construction --ar 3:2
```

图 22-6 输入关键词

**STEP 02** 生成设计图：按【Enter】键确认，Midjourney 会响应关键词生成建筑设计图，具体效果如图 22-5 所示。

## 22.3 更换图像风格和尺寸

【效果展示】：在上一小节中，我们通过输入关键词获得了建筑设计图的实景图，在实际中，建筑施工依靠的是设计草图，因此我们需要添加关键词让 Midjourney 生成建筑设计草图，效果如图 22-7 所示。

图 22-7 添加关键词更换图像风格的效果

**STEP 01 放大图像：** 在上一小节生成的图像中，单击"U1"按钮，放大第 1 张图像，如图 22-8 所示。

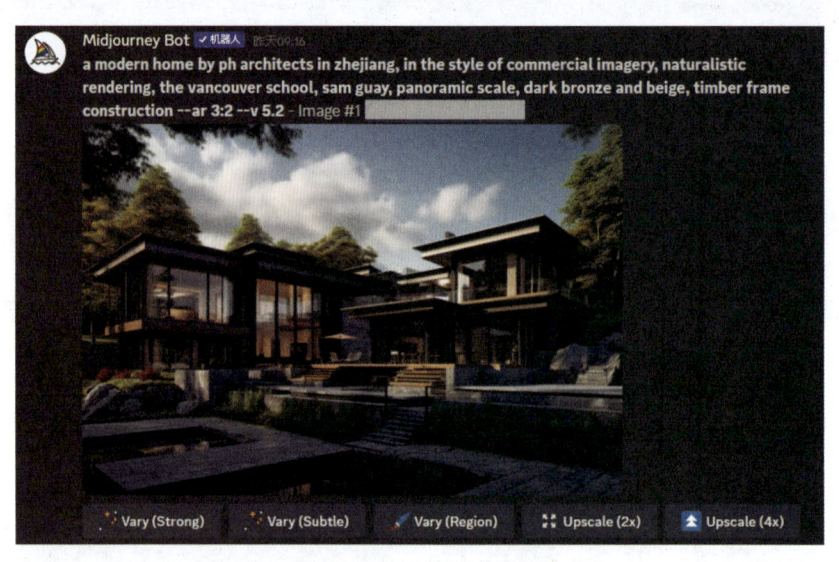

图 22-8 放大第 1 张图像

**STEP 02 复制图片链接：** 单击放大后的图像，单击鼠标右键，选择"复制图片地址"选项，如图 22-9 所示，复制设计图的图片链接。

**STEP 03 添加指令：** 执行操作后运用"imagine"指令，将图片链接粘贴至"imagine"指令后方，并添加"Architectural Design Sketch"（建筑设计草图）关键词和"--ar 4:3"参数，如图 22-10 所示，改变建筑设计图的图像风格和尺寸。

第 22 章 建筑设计图绘画实战案例

图 22-9 选择"复制图片地址"选项

图 22-10 添加关键词和参数

**STEP 04 重新生成图片:** 按【Enter】键确认,Midjourney 会重新生成 4 张图片,如图 22-11 所示,选择其中一张图片进行放大,具体效果如图 22-7 所示。

图 22-11 重新生成 4 张图片

211

AIGC

AIGC

## 读 者 服 务

读者在阅读本书的过程中如果遇到问题，可以关注"有艺"公众号，通过公众号中的"读者反馈"功能与我们取得联系。此外，通过关注"有艺"公众号，您还可以获取艺术教程、艺术素材、新书资讯、书单推荐、优惠活动等相关信息。

**资源下载方法：** 关注"有艺"公众号，在"有艺学堂"的"资源下载"中获取下载链接，如果遇到无法下载的情况，可以通过以下三种方式与我们取得联系：

1. 关注"有艺"公众号，通过"读者反馈"功能提交相关信息；
2. 请发邮件至 art@phei.com.cn，邮件标题命名方式：资源下载+书名；
3. 读者服务热线：（010）88254161~88254167 转 1897。

**投稿、团购合作：** 请发邮件至 art@phei.com.cn。

扫一扫关注"有艺"